梵净山茶标准化生产加工技术

主编　侯彦双　徐代刚

电子科技大学出版社
University of Electronic Science and Technology of China Press
·成　都·

图书在版编目（CIP）数据

梵净山茶标准化生产加工技术 / 侯彦双，徐代刚主编
. 一成都：电子科技大学出版社，2022.8
ISBN 978-7-5647-9864-2

Ⅰ.①梵… Ⅱ.①侯… ②徐… Ⅲ.①梵净山 – 茶叶
– 加工 – 标准化 Ⅳ.① TS272–65

中国版本图书馆 CIP 数据核字（2022）第 143029 号

梵净山茶标准化生产加工技术
FANJINGSHANCHA BIAOZHUNHUA SHENGCHAN JIAGONG JISHU
侯彦双　徐代刚　主编

策划编辑　罗国良
责任编辑　罗国良

出版发行　电子科技大学出版社
　　　　　成都市一环路东一段 159 号电子信息产业大厦九楼　邮编 610051
主　　页　www.uestcp.com.cn
服务电话　028-83203399
邮购电话　028-83201495

印　　刷　定州启航印刷有限公司
成品尺寸　240mm×170mm
印　　张　12
字　　数　155 千字
版　　次　2022 年 8 月第一版
印　　次　2022 年 8 月第一次印刷
书　　号　ISBN 978-7-5647-9864-2
定　　价　58.00 元

前言

标准是国民经济和社会发展的重要技术基础，实施农业标准化是建设现代农业的重要抓手，是增强我国农业市场竞争力的重要举措。农业标准化直接关系食品安全、社会安定，没有农业标准化，就没有农业现代化。中国是世界上最早种茶、制茶和饮茶的国家，是世界茶文化的发祥地和世界茶叶种植第一大国，贵州省是中国茶树原产地中心和茶叶种植面积第一大省。铜仁市地处贵州省东北部，是茶树的原产地之一和贵州省第二大茶叶种植大市，市内茶叶种植和生产加工历史悠久，茶文化底蕴深厚，茶产品种类丰富，茶叶品牌较多。面对不同地区、不同品种、不同工艺、不同品牌的茶，更需要标准来厘清，需要以标准化来保证产品质量和规范生产。

为此，本书编者根据产业发展实际，结合区域发展特色，经多年研究和生产实践，总结出了一套贵州省铜仁市茶叶公共品牌"梵净山茶"的种植、管理、生产、加工、检测检验、销售服务等全产业链各个环节的标准化技术，编写成书供各级茶叶管理部门、职业院校、企业主体、茶馆茶楼、茶叶销售人员、茶叶生产加工人员及茶叶爱好者等参考和使用。

本书共分八章，包括绪论、茶生产加工概述、标准化茶园建设、标准化茶园管理、标准化加工技术、标准化检测与包装、标准化销售服务等内容，力求理论联系实际，做到内容丰富、通俗易懂、科学严谨、资料翔实，具有指导性、实用性和可操作性。本书属于"铜仁市梵净山茶叶加工工程技术研究中心"项目成果之一。

由于编者水平有限，书中难免有不足之处，恳请各位同仁批评指正。

编者

2021 年 11 月

目 录

第一章 绪 论

第一节 标准与标准化概念及内涵

一、标准的概念及内涵

标准是衡量人或事物的依据或准则，是科学、技术和实践经验的总结。《标准化工作指南 第1部分：标准化和相关活动的通用术语》（GB/T 20000.1—2014）对标准的定义是经协商一致制定通过标准化活动，按照规定的程序，为各种活动或其结果提供规则、指南或特性，供共同使用和重复使用的一种文件。

《中华人民共和国标准化法》（2017 修订）对标准的定义是指农业、工业、服务业以及社会事业等领域需要统一的技术要求。标准包括国家标准、行业标准、地方标准和团体标准、企业标准。国家标准分为强制性标准、推荐性标准，行业标准、地方标准是推荐性标准。强制性标准必须执行。国家鼓励采用推荐性标准。

综上所述，标准是对重复性事物和概念所做的统一规定，以科学技术和实践经验的结合成果为基础，经有关方面协商一致，由主管机构批准，以特定形式发布作为共同遵守的准则和依据。

二、标准化的概念及内涵

为了在一定的范围内获得最佳秩序，对实际的或潜在的问题制定共同的和重复使用的规则的活动，即制定、发布及实施标准的过程，称为标准化。

国家标准《标准化工作指南 第1部分：标准化和相关活动的通用术语》对标准化的定义是为了在既定范围内获得最佳秩序，促进共同效益，对现实问题或潜在问题确立共同使用和重复使用的条款以及编制、发布和应用文件的活动。同时在定义后注明：①标准化活动确立的条款，可形成标准化文件，包括标准和其他标准化文件；②标准化的主要效益在于为了产品、过程或服务的预期目的改进它们的适用性，促进贸易交流以及技术合作。综上，标准化是指在经济、技术、科学和管理等社会实践中，对重复性的事物和概念，通过制定、发布和实施标准达到统一，以获得最佳秩序和社会效益。

第二节　茶叶标准化的意义及作用

茶叶标准化是指为了保证茶叶产品的质量，制定、发布并实施与茶叶相关的基础、产品、卫生、技术和管理标准，使茶叶在生产、加工及管理等方面获取最佳的秩序和效益，使茶叶的卫生与质量符合消费者的需求。茶叶标准化也是一个过程，包括制定茶叶标准并在实践中加以实施的全部活动过程，其意义及作用非常重大，通过茶叶标准化以及相关技术政策的实施，可以整合和引导茶叶社会资源，激活茶叶科技要素，推动茶产业技术积累、科技进步、成果推广、创新扩散、产业升级，促进区域经济、社会、环境的全面、协调、可持续发展。

茶叶标准化之所以具有重要的现实意义，是因为我国要实现农业现代化的中国梦，以现代农业为目标对茶产业提出了现代化发展的必然要求。总体来看，茶叶标准化对推动茶产业发展主要具有八个方面的作用。

（1）茶叶标准化有利于促进茶叶科学管理。依据茶叶生产技术的发展规律和客观经济规律对茶叶类企业进行规范、科学管理，而各种科学管理制度的形式，都以标准化为基础。

（2）茶叶标准化有利于提升茶叶经济效益。标准化应用于茶叶领域的科学研究，可以避免在研究上的重复劳动；标准化应用于茶叶领域的产品设计，可以缩短设计周期；标准化应用于茶叶领域的生产环节，可以使茶叶生产在科学和有秩序的基础上进行；标准化应用于茶叶领域的管理过程，可以促进统一、协调、高效率等。

（3）茶叶标准化是调整茶产业结构的需要。茶叶标准化可以使茶产业资源合理利用，可以促进生产技术系统化，可以实现茶产业技术的升级换代；有利于衔接茶叶科研、生产、使用三者之间的有机统一。茶叶类科研成果一旦被纳入相应标准，就能迅速得到推广和应用，因此，标准化可使茶叶新技术和新科研成果得到推广应用，从而促进技术进步、优化调整产业结构。

（4）茶叶标准化有利于提高组织现代化生产效率。随着科学技术的发展，茶叶生产的社会化程度越来越高，生产规模越来越大，技术要求越来越复杂，分工越来越细，生产协作越来越广泛，这就必须通过制定和使用标准，来保证茶叶各生产部门的活动，在茶叶技术上保持高度的统一和协调，以使茶叶生产正常进行，为组织现代化生产创造前提条件。

（5）茶叶标准化是做大做强茶产业的重要手段。茶叶生产的目的是为了茶叶消费，茶叶生产者不断开发茶叶消费市场是茶叶生产的必然诉求。茶叶标准化不但为茶产业扩大生产规模、满足市场需求提供了可能，也为实施售后服务、扩大竞争创造了条件。特别强调的是，一个国家或地区的经济发展已经同全球经济紧密结成一体，茶叶标准和标准化不但为世界一体化的茶叶市场开辟了道路，同样也为进入这样的市场设置了门槛。

（6）茶叶标准化有利于丰富茶叶产品的研发。科学合理发展茶叶产品品种，提高茶叶企业发展的应变能力，迅速把握市场信息和规律，及时调整茶叶产品结构，以更好地满足社会需求。

（7）茶叶标准化是提高茶叶产品质量安全的有力保障。茶叶标准化有利于稳定提高茶叶产品质量，促进茶叶企业走向质量发展的道路，增强茶叶企业的素质，提高茶叶企业的竞争力；维护生命健康，保护生态环境，合理利用资源；维护消费者权益。茶叶产品标准是衡量产品质量优劣的直接依据，严格按照标准进行生产，按照标准进行检验、包装、运输和贮存，产品质量就能得到保证。标准的水平标志着产品质量水平，没有以技术手段做后盾的高水平标准，就没有高质量产品。

（8）茶叶标准化是推动贸易发展的桥梁和纽带。茶叶标准化可以增强世界各国的相互沟通和理解，破除技术壁垒障碍，促进国际上科学、技术、文化交流与合作。当今世界已经被高度发达的信息和贸易联成一体，贸易全球化、市场一体化的趋势不可阻挡，茶产业真正能够在一个国家或地区之间起到联结作用的桥梁和纽带就是茶叶相关标准。只有全球认同并按相同标准组织茶叶生产和贸易，市场行为才能够在更大的范围和更广阔的领域发挥应有的作用，实现全世界对好的茶叶产品的分享。

第三节　茶叶标准的分类

一、按标准制定主体划分

《中华人民共和国标准化法》将标准划分为五种，即国家标准、行业标准、地方标准、团体标准和企业标准。各层次之间有一定的依从关系和内在联系，形成一个覆盖全国又层次分明的标准体系。

1. 国家标准

对需要在全国范围内统一的技术要求，应当制定国家标准。国家标准由国家标准化管理委员会编制计划、审批、编号、发布。国家标准代号为 GB 和 GB/T，其含义分别为强制性国家标准和推荐性国

快速响应创新和市场对标准的需求，填补现有标准空白，团体标准具有制定周期短、快速适应发展需求的优点。

5. 企业标准

企业标准是对企业范围内需要协调、统一的技术要求、管理要求和工作要求所制定的标准。企业产品标准其要求不得低于相应的国家标准或行业标准的要求。企业标准由企业制定，由企业法人代表或法人代表授权的主管领导批准、发布。企业标准代号一般以字母"Q"开头。

二、按标准信息载体划分

按标准信息载体划分，可分为文字标准和实物标准。

1. 文字标准

文字标准是以标准文件的形式，是对某一领域的共同准则提出要求或做出规定，文字标准以文字的形式体现。

2. 实物标准

实物标准是以实物的形式，对某一领域的标准文件以实物的形式体现，是文字标准的补充，主要用于质量检验鉴定的对比依据，作为测量设备检定、校准的依据，以及作为判断测试数据准确性和精确度的依据。

三、按标准化对象划分

按照标准化对象，通常把标准分为技术标准、管理标准和工作标准三大类。

1. 技术标准

技术标准是指对标准化领域中需要协调统一的技术事项所制定的标准。技术标准包括基础技术标准、产品标准、工艺标准、检测试验方法标准，以及安全、卫生、环保标准等。

2. 管理标准

管理标准是指对标准化领域中需要协调统一的管理事项所制定的标准。管理标准包括管理基础标准、技术管理标准、经济管理标准、行政管理标准、生产经营管理标准等。

3. 工作标准

工作标准是指对工作的责任、权利、范围、质量要求、程序、效果、检查方法、考核办法所制定的标准。工作标准一般包括部门工作标准和岗位（个人）工作标准。

四、按标准约束力划分

按标准的约束力划分，分为强制性标准和推荐性标准两类。

1. 强制性标准

强制性标准是保障人体健康、人身安全、财产安全的标准和法律及行政法规规定强制执行的国家标准，具有法律层面的意义；强制性标准的代号是 GB，含有强制性条文及推荐性条文。

2. 推荐性标准

推荐性标准是指生产、检验、使用等方面，通过经济手段或市场调节而自愿采用的国家标准，企业在使用中可以参照执行，没有法律层面的意义，但是推荐性标准一经接受并采用，或各方商定同意纳入经济合同中，就具有法律上的约束性；推荐性标准的代号是 GB/T，"T"是推荐的意思，只有参考意义。

第四节　茶叶标准化发展历程

茶叶标准和标准化是一个历史的、动态的描述，也是《辞海》里广泛定义的"衡量事物的准则""榜样、规范"的概念，并不拘泥于我们当今时代所定义的法定意义上的概念，即任何产生和实施"榜样、规范"的活动就是标准化。推动茶叶"榜样化、规范化"发展的动力在于科学技术和社会文明的不断进步。纵观历史长河，从茶叶标准化起源来看，中国茶叶标准化发展历程可以从古代、近代和现代三个时期来加以分析和探究，在每个时期都具有鲜明的时代背景和人文特征。

一、古代茶叶标准化时期

中国是一个有着辉煌文明的古老国度。古代茶叶标准化时期是指经唐朝到清朝（1840年鸦片战争爆发）这段历史时期。唐朝茶叶标准化是以陆羽《茶经》为重要标志。

1.宋代制茶工艺得到快速发展

宋代制茶新品不断涌现。北宋年间，做成团片状的龙凤团茶盛行。宋代《宣和北苑贡茶录》记述"宋太平兴国初，特置龙凤模，遣使即北苑造团茶，以别庶饮，龙凤茶盖始于此"。据宋代赵汝砺《北苑别录》记述，龙凤团茶的制造工艺有六道工序：蒸茶、榨茶、研茶、造茶、过黄、烘茶。茶芽采回后，先浸泡水中，挑选匀整芽叶进行蒸青，蒸后冷水清洗，然后小榨去水，大榨去茶汁，去汁后置瓦盆内兑水研细，再入龙凤模压饼、烘干。龙凤团茶的工序，以冷水快冲保持绿色，提高了茶叶质量，而水浸和榨汁的做法，夺走香味，使茶香损失极大，且制作过程耗工费时，促使了蒸青散茶的出现。《宋史·食货志》载："茶有两类，曰片茶，曰散茶。"片茶即饼茶。元代王桢在《农书·卷十·百谷谱》中，对当时制作蒸青散茶工序有详细记载："采讫，一甑微蒸,生熟得所。蒸巳,用筐箔薄摊,乘湿揉之,入焙,匀布火,烘令干,勿使焦。"宋代诗云"自从陆羽生人间,人间相学事春茶",这说明宋代茶叶标准化已发展到了盛行时期。

2.元明清时代制茶技术日趋完善

元代饼茶、龙凤团茶和散茶同时并存。明清时代,历经300多年时间,经过不断发展,形成了六大茶类,最早是绿茶,其次是黄茶和黑茶,再次是白茶和红茶,最后是青茶。在明代,由于明太祖朱元璋于1391年下诏,废龙团兴散茶,蒸青散茶大为流行,并且随之炒青散茶逐渐增多,制茶技术日趋完善。在《茶录》《茶疏》《茶解》中均有详细记载,其制法大体为:高温杀青、揉捻、复炒、烘焙至干。制茶技术逐步变革,新的制茶工艺随之不断推陈出新,制茶花色也越来越多。如松萝、珠茶、龙井、瓜片、毛峰等名茶先后出现。清代炒青工艺已经与现代炒青绿茶制法非常相似。在制茶的过程中,由于注重确保茶叶香气和滋味的探索,通过不同加工方法,从不发酵、半发酵到全发酵一系列不同发酵程序所引起茶叶内质的变化,把操作技术模式标准固定下来,从而使茶叶从鲜叶到原料,通过不同的工艺手法,制成了各类色、香、味、形品质特征各具特色的六大茶类。

3.茶文化的演化体现了古代中国茶道的时韵风尚

宋代传承唐代的饮茶之风,日益普及盛行,演化成具有文化之风的饮茶之道。宋梅尧臣《南有嘉茗赋》云:"华夷蛮豹,固日饮而无厌,富贵贫贱,亦时啜无厌不宁。"宋昊自牧《梦粱录》卷十六"鲞铺"载:"盖人家每日不可阙者,柴米油盐酱醋茶。"自宋代始,茶就成为开门"七件事"之一。宋徽宗赵佶《大观茶论》序云:"缙绅之士,韦布之流,沐浴膏泽,熏陶德化,盛以雅尚相推,从事茗饮。顾近岁以来,采择之精,制造之工,品第之胜,烹点之妙,莫不盛早其极。"说明宋代中国茶道已经有了一套完整的标准步序，体现了宋代茶文化的精美内涵。古代中国茶道的形成，赋有不同时代的内容。在宋元时代，将团茶碾成细末，置入盏内，冲入少许沸水，搅拌调匀，再注入更多的沸水，并以茶筅搅打至稠滑状后品用，这是当时最受推崇的研膏团茶点茶法。普及民间的另一大特色茶事——"斗茶"是一门综合性的技术，包括水、具、火候、注汤时机和调汤动作等系列内容。明清时代，茶叶由紧压茶改为条形散茶，人们不再将茶碾成粉末，而是直接将散茶加入壶或盏中冲泡饮用。这种保留了茶叶的清香味，推崇小壶缓啜的工夫茶冲泡方法，兴起了茶馆文化的风行，一直流传演化至今。

二、近代茶叶标准化时期

近代茶叶标准化时期是指从清朝第一次鸦片战争（1840年），到中华人民共和国成立（1949年）这段历史时期。中国茶因具有独到的风味特色，早在18世纪末至19世纪，已远销欧洲、美洲、亚洲、非洲和大洋洲，成为中国对外贸易的重要出口商品。19世纪末，进口国对中国茶的质量纷争愈演愈烈，以品质掺杂为由限制输入，加之贸易关系因素影响，茶叶出口量从1886年的13.4万吨跌至1920年的1.8万吨。为了重树中国茶的出口质量形象，自发和官方茶叶检验机构相继出现。1915年，北洋政府时期，浙江温州地区曾自发性地成立过"永嘉茶叶检验处"，专门查验出口茶。1929年，国民政府工商部在上海、汉口两地首先成立商品检验局。1931年6月20日，国民政府实业部颁布了中国第一个出口茶叶检验法令，7月7日公布了茶叶检验实施细则，次日正式实施。规定输出茶类（绿茶、红茶、花熏茶、红砖茶及绿砖茶、毛茶、茶片、茶末、茶梗等）必须经商检检验合格发予证书，海关凭证放行。茶叶品质检验则制定最低标准样茶，作为检验依据，并规定了出口茶叶的水分、灰分含量指标。

国民政府实业部国产委员会还成立了茶叶产地检验管理处，在浙、皖、赣、闽等省的茶叶主要产地、集散地设立机构，办理产地检验。由此可见，在这一时期，茶叶逐渐成为政府管控的重要商品，茶叶标准化主要推进了法令颁布，建立了检验合格制度。同时，由于近代战争的摧残，茶叶成为外国掠夺中国财富的有用商品，中国茶道也日趋衰落并平民化。民国时期，饮茶礼数多体现为解渴的功能化和消遣的大众化，以大众茶馆和大碗茶为代表特征。

三、现代茶叶标准化时期

现代茶叶标准化时期是指中华人民共和国成立以来的茶叶标准化时期，可以分为两个阶段。第一阶段（1949—1989年），从中华人民共和国成立至《中华人民共和国标准化法》颁布实施以前，茶叶标准化以推动出口贸易为主要目的。这一时期，茶叶是我国非常重要的出口换汇农产品，实行出口许可配额管理，随后逐渐从第一类配额商品，放开到第二类、第三类，随着我国茶叶总产量的不断提高和出口商品种类增多，最终取消了对茶叶的出口配额管理，可以进行自由国际贸易。第二阶段（1990年至今），自《中华人民共和国标准化法》颁布实施以来，标志着现代茶叶标准化发展，步入了法制化建设的有序轨道，尤其是全国茶叶标准化技术委员会的设立。我国茶叶标准化逐步融入国际标准化组织的有关事务，增添了从无到有的话语权，促进了我国茶叶标准化更具宽阔的国际视野，推动了现代茶叶标准化不断发展。

1950年3月，中央贸易部在北京召开第一届全国商品检验会议，制定了《茶叶出口检验暂行标准》和《茶叶产地检验暂行办法》，恢复了由于抗日战争而中断的茶叶检验，并增设了检验机构。茶叶被列为法定检验商品，检验项目也从原来的感官品质、水分、灰分、着色等增加到感官品质、水分、灰分、粉末、包装、卫生、农药残留量、重金属含量、放射物污染、黄曲霉毒素及数量、重量等。至20世纪80年代末,茶叶检验机构已遍布全国主要产茶省份和主要港口,茶叶科技人才的培养也十分兴盛。这一时期以红茶为主要代表,制定了相应的产品和技术标准,并且建立了出口茶贸易标准样(实物样),它们是绿茶贸易标准样(包括珍眉、珠茶等)、特种茶标准样(龙井等)、红茶贸易标准样等,定期换制。

自《中华人民共和国标准化法》颁布实施以来,中国茶叶标准化体系得到了逐步完善,涵盖了茶叶生产、加工和流通贸易的全过程,这些标准的贯彻实施推动了现代茶叶标准化的快速发展。依据法律法规确立了标准化管理部门自身的法定地位,依法颁布了很多项涉及茶叶的国家标准、行业标准、省级(地方)标准,还有一些是国家强制标准,其内容涉及了茶叶品质、卫生、检测方法、包装、栽培、育种、茶叶机械、茶叶再制品等,使中国成为世界上茶叶标准最多、最全的国家。根据标准执行情况和现实需要,对这些标准进行修订更新,推动了我国茶产业的技术进步。这时期,以茶叶标准园创建和现代化茶叶企业建设为重要代表,对茶叶标准化发展提出了更高的要求,以科技创新为核心,努力实现茶叶生产加工过程和产品结果的整体标准化。

在现代茶叶标准化时期,中国茶文化得到了广为恢复和大力弘扬。这一时期,中国茶道的发展具有不同茶类特点的显著体现,在艺术形态表现上,从服装、道具、礼仪等不同内容,又体现了地域民族特色,现代中国茶道已经呈现出多姿多彩的地域茶文化景象。

第二章　梵净山茶生产加工概述

第一节　梵净山茶种植加工历史

一、梵净山茶种植历史

铜仁种植茶树的历史悠久，从明朝洪武年间开始，铜仁市均有种植茶树的历史记录。中华人民共和国成立前，铜仁境内各区县均有茶树栽培，但多零星分散，而且多为自产自食。中华人民共和国成立后，为发展地方经济、支援国家建设、适应国家对外贸易的需要，石阡、印江、沿河、松桃等县先后陆续建设了一批茶园，形成了四大国有茶场和一批茶叶公社。改革开放后，尤其是进入 21 世纪以来，为充分发挥区域资源优势，促进农业结构调整，增加农民收入，推进社会主义新农村建设，铜仁掀起了大力发展茶产业的高潮，茶叶种植面积得到迅猛发展。截至 2020 年 12 月，铜仁市茶园种植总面积 10.07 万 hm^2，该市也成为贵州省第二大茶叶种植大市。茶叶产业已发展成为铜仁市农业第一大主导产业和农民脱贫增收致富的支柱产业。

总体来说，新中国成立后，铜仁种植茶树规模面积较小，比较分散，铜仁大规模种茶始于 2008 年。铜仁种植茶树从其发展历程来看，大致可以分为以下三个不同的发展时期。

1. 起步发展时期

1948 年以前，石阡、思南、印江、沿河、德江等县均有种植茶树的历史记载。

据《贵州通志》记载，铜仁市石阡县种植茶树"始于唐代，种茶、饮茶遍及于明朝"。据陆羽《茶经》（成书于公元 760—780 年）记载："黔中生思州、播州、费州、夷州……往往得之，其味极佳。"铜仁市的石阡、思南、印江、沿河、德江县属思州、夷州地区。明清时期石阡坪山茶已在全国享有盛名。《印江志》记载，明朝永乐年间梵净山绿茶被列为朝廷"贡品"。《沿河县志》中记载"姚溪茶、野茶坨昔皆为贡品"。

清初名著《儒林外史》中写道：明代镇远府汤总兵的儿子赴京会考，从包溪坪山一带备了"六篓贡茶"到京送给官家。其中的"六篓贡茶"就是石阡坪山的"贡茶"，可见明清时期石阡坪山茶已在全国享有盛名。清乾隆年间，石阡坪山乡坪贯村生产的茶叶作为贡品，每年都要向皇室纳贡，"石阡坪山贡茶"名声渐响。清人张澍《续黔书》谓："今沿河为思州……古以茶为贡赋。"说明沿河古属思州，又称"宁夷郡"，县北所产姚溪茶在明朝就成为贡品，一直沿袭到清朝。

民国时期，《沿河县志》记载："茶，县北姚溪所产为佳。"《石阡县志》记载：民国27年（1938年），石阡县城商人龙尧夫开办的鸿方茶庄，雇请十余人精细加工，石阡茶畅销湘、川和两广。民国29年（1940年）《杨大恩教材辑要》记载："民国二十九年贵阳开贵州省展销会，石阡茶获优质奖章……据贵阳日报所载，贵州茶之多，首推安顺，年产1 700余担，茶味之美，则以石阡为擘焉，近年商会主席龙尧夫改良装潢，石阡茶大有畅销贵州省之势矣。"1948年，《贵州通志》载：石阡茶、湄潭眉尖茶昔皆为贡品；其次如铜仁之东山，贞丰之坡柳，仁怀之珠芝茶，均属佳品。

据印江《柴氏族谱》记载，明洪武二年（1369年），印江县朗溪镇司迎恩洞洞民柴姓到酒水和澧水挂青返还时带了部分茶叶种子在印江县团龙镇试种。由于气候、土壤适宜，长势良好，乃至后来迎恩洞洞民柴景良发动洞民山前坡后，屋周院落都开始种茶。明永乐七年（1409年），由湖南辰溪、沅溪、澧溪及四川部分商人及游民定居印江和朗溪，与梵净山地区家居苗民通商，把低廉的土特产带出去。

久而久之，这些商人在印江县建立了茶叶基地约 66.6 hm²，制作加工，对外销售，世代相传。

据《铜仁地区志·农业志》记载，1948 年以前，铜仁地区的茶叶生产处于农户自我发展状态，多是零星种植加工，生产水平落后，规模较小，茶叶种植总面积约 133.3 hm²。

2. 稳步发展时期

1949—2007 年，铜仁石阡、印江、松桃、沿河、江口等县均有小规模种植茶树，且种植面积在稳步增长，玉屏县、铜仁市（现碧江区）、万山区三个区县也有部分区域在种植茶树，但面积较小。

1949 年开始，铜仁种植茶树面积逐渐扩大，进入稳步发展时期；1956 年，铜仁种植茶树面积发展到 202.5 hm²；1958 年，铜仁种植茶树面积发展到 333.3 hm²，此时的石阡县因种植茶树面积较大、效益较好，成为被国务院表彰的贵州两县之一，周恩来总理授予石阡县"茶叶生产、前途无量"的锦旗，全国仅三个县获此殊荣。1959 年，铜仁茶树种植面积达到 495.6 hm²；1965 年，铜仁市江口县组建民和茅（毛）坪茶场，种茶面积 70 余公顷；1973 年，在贵州省茶叶工作会议上，石阡县地印公社、石阡县新华大队茶场、德江路青公社茶场、思南张家寨公社茶场 4 个单位被评为贵州省茶叶生产先进单位；1976 年，铜仁茶树种植面积达到 2078.9 hm²；1979 年，大部分茶园承包到农户，造成相当一部分茶园丢荒失管，有的甚至改种，此年铜仁茶园总面积小幅下降；1982 年，铜仁茶园总面积减少到 1320.3 hm²；1987—1989 年，铜仁大兴奶牛场新建成密植免耕茶园 125.3 hm²；1987—1989 年，铜仁地委、行署根据贵州省计划委员会以〔1988〕黔计农字第 117 号文件《关于贵州省农业厅利用日本政府"黑字还流"贷款建立我省茶叶出口基地可行性报告的批复》及相关文件精神，铜仁行署批复成立了"贵州武陵山茶场"，

1990—1991年，贵州武陵山茶场在地跨两县市的铜仁市川硐镇、松桃县大兴镇和正大乡新建成密植免耕茶园292 hm²；1990年，铜仁茶树种植面积又开始逐渐恢复，石阡、印江、松桃、沿河等县都建立了较大规模的新茶园（图2-1），茶树种植总面积达到5 272 hm²；2000年，铜仁茶树种植面积6 504 hm²；2004年，铜仁茶树种植面积6 854.6 hm²；2003—2005年，石阡县抓住国家实施退耕还林的政策机遇，实施了"退耕还茶"，3年共建茶园2 640.2 hm²；到2005年年底，石阡茶园面积已达3 333.3 hm²；2006年，石阡茶园面积达到4 866.6 hm²，茶园面积居铜仁第一、贵州省第三，被贵州省政府列为贵州省三个茶产业发展重点扶持县之一；2007年年底，铜仁茶树种植总面积达9 186.7 hm²。

图 2-1　石阡县九十年代新建的高坪高产茶园

3. 快速发展时期

2008—2020年，铜仁石阡、印江、松桃、沿河、德江、思南、江口7县均开始大规模种植茶园，铜仁市茶树种植面积迅速增长。

2008年开始，为深入贯彻落实铜仁地委、行署《关于加快生态茶产业发展的意见》（铜党发〔2007〕17号）文件精神，铜仁市各级各部门认真履职，全力抓好各项政策措施的落实，整合资源、合力推动，铜仁茶园种植面积从2007年的9 186.7 hm² 发展到2020年的10.07万 hm²，茶园规模居贵州省第二位、发展速度居贵州省第一位。实现了以石阡、印江、松桃、沿河、德江、思南、江口7个重点产茶县为核心，逐步推进茶园向核心乡（镇）、专业村集聚发展的产业格局。2020年年底，铜仁市有2万 hm² 以上种茶县1个、1.3万～2万 hm² 种茶县3个、0.67万～1.3万 hm² 种茶县3个；666.7 hm² 以上种茶乡（镇）63个、333.3～666.7 hm² 种茶乡（镇）39个；666.7 hm² 以上种茶村15个、333.3～666.7 hm² 种茶村47个。建成了思南张家寨、松桃正大、石阡龙塘、印江新寨、江口骆象等16个省级茶叶高效示范园区，铜仁市逐步形成以印江、松桃、江口3县为核心的梵净山优质茶区，以沿河、德江、思南3县为核心的乌江特色茶区和以石阡县为核心的石阡苔茶特色茶区三大重点产茶区域。其中，松桃自治县普觉镇建设的标准化茶园基地如图2-2所示。

图2-2 松桃自治县普觉镇建设的标准化茶园基地

二、梵净山茶加工历史

茶叶加工又称为"茶叶制造"。铜仁的茶叶加工从过去手工制作到现在的机械化生产加工，历经了 3 000 多年的历史发展过程，其发展历程大致可分为四个时期。

1. 茶叶加工起源时期

神农时代到唐代，这一时期，铜仁先民开始应用茶叶药用和作为祭品到鲜叶晒干贮藏备饮，最后到擂茶苦羹冲泡，历经了生煮羹饮—晒干收藏—蒸青饼茶—蒸青团茶的发展过程。其饼茶制茶工艺为鲜叶—蒸青—捣碎—制饼—烘干—蒸青饼茶；团茶制茶工艺为鲜叶—洗叶—蒸青—压榨—制团—烘干—蒸青饼团。唐代茶圣陆羽《茶经》中"晴采之，捣之，拍之，焙之，穿之，封之，茶之干矣"的五道加工工序，对当时铜仁茶叶手工制作进行了详细描述。

2. 茶叶加工变革时期

宋朝到元朝，铜仁茶叶加工由饼茶、蒸青团茶发展到蒸青散茶，后又发展到炒青散茶，其做法是"长堆青，高温重杀青，揉捻，炒干"。由于制茶工艺的改革，增加了茶叶的香气和滋味，可以全叶冲泡饮用。

3. 茶叶加工的发展时期

这一时期主要在明朝至清朝时期。铜仁茶叶加工由炒青散茶逐步向绿茶、黄茶、黑茶、白茶、红茶、青茶六大茶类发展。

4. 茶叶加工机械化时期

近代到现代是梵净山茶加工机械化时期。中华人民共和国成立后到 20 世纪 80 年代初，铜仁茶叶加工均采用土灶和铁锅炒制，手工制作工艺落后，产量较低，制出的毛茶多为初级产品。80 年代末，随着茶叶种植面积的迅速扩大，铜仁茶叶加工逐渐应用机械化，1989 年就购进制茶机械设备 69 台（套），逐渐开始进行机械化加工。

尤其是 2008 年铜仁市大力发展茶产业以后，铜仁的茶叶加工逐渐从手工制作到机械化生产，从单一的绿茶加工形成了花色品种齐全的六大茶类，加工制作工艺日益精湛，茶叶品质日渐优异。

第二节 梵净山茶生产加工现状

自 2007 年以来，在贵州省委、省政府《关于加快茶产业发展的意见》的引领下，铜仁开始大力发展生态茶产业，先后出台了《铜仁市生态茶产业提升三年行动计划》《铜仁市茶产业发展助推脱贫攻坚三年行动方案》《铜仁市加快推进抹茶产业发展实施方案》等系列文件，通过"强基地育主体、重加工提质量、融文化塑品牌、扩市场抓销售、创机制谋成效"全产业链发展思路，积极推进茶产业供给侧结构性改革，把茶产业作为调整农业产业结构、发展农业农村经济、增加农民收入、助推脱贫攻坚的重要农业支柱产业来培育打造，铜仁市茶园面积、茶叶企业、茶叶加工、茶叶产量、茶叶产值大幅增加，茶叶品牌知名度和影响力不断提高，取得了显著的经济效益、社会效益和生态效益，茶产业已发展成为铜仁市农业主导产业和农民脱贫增收致富的绿色产业。铜仁市梵净山茶生产加工现状总体情况如下。

一、茶园基地

2007 年以来，铜仁市按照选好区域、选好地块、选好茶树品种、选好种植主体"四个选好"的要求，先规划、后实施，严格推行作业设计图斑管理，围绕重点茶区进行集中打造，建成了一批高标准梵净山茶园基地。截至 2020 年 12 月，铜仁市建成梵净山生态茶园基地 10.07 万 hm^2，其中投产茶园 128.6 hm^2（1 亩 ≈ 0.0667 hm^2），约占贵州省茶叶总面积的五分之一，基地规模位居贵州省第二位。现在铜仁市有 2 万 hm^2 以上种茶县 1 个、1.3 万～2 万 hm^2 种茶县 3

个、0.67 万～1.3 万 hm² 种茶县 3 个；666.7 hm² 以上种茶乡（镇）63 个、333.3～666.7 hm² 种茶乡（镇）39 个；666.7 hm² 以上种茶村 15 个、333.3～666.7 hm² 种茶村 47 个，基本形成印江、松桃、江口梵净山旅游观光茶区，沿河、德江、思南乌江特色茶区，石阡苔茶茶区等三大茶叶产业带。2014 年，中华茶人联谊会授予铜仁市"中华生态文明茶乡""中华生态文明茶园"称号。2018 年，中国茶叶流通协会授予铜仁市"中国高品质抹茶基地"称号。

二、企业主体

2007 年以来，铜仁市通过抢抓东茶西移发展机遇，以招商引资为重点，以茶叶园区为平台，推动茶产业主体集群集聚发展，引进了英国太古集团詹姆斯茶业有限公司、贵州贵茶集团、上海联合利华公司等一批起点高、关联度大、带动力强的国内外知名茶叶龙头企业落户铜仁，壮大了茶产业市场主体，带动了铜仁市茶叶产业发展。铜仁市现有茶叶企业 507 家、专业合作社 459 家，其中，国家级龙头企业 1 家、省级龙头企业 40 家、市级龙头企业 88 家、规模以上企业及合作社 48 家。基本形成了大、中、小并举的发展格局，经营主体不断壮大，产业体系日趋成熟。

三、茶叶加工

2007 年以来，铜仁市通过持续狠抓茶园管理、加大茶叶生产力度、调整优化产品结构、改进提升加工技术、更新加工设备、加强科技创新、推行茶园机械化管理及清洁化生产加工技术，不断提升茶叶产品品质，降低茶叶生产成本，铜仁市茶叶生产从传统的以名优茶生产为主逐渐向名优茶和大宗茶生产并举、春夏秋茶并重的生产方式转变，茶叶产业经济效益不断提高。2020 年，铜仁市实现茶叶总产量 12.11 万吨，总产值 119.7 亿元。

四、品牌培育

2012 年以来，铜仁市把梵净山茶作为全市茶叶公共品牌，实行统一商标标识、统一包装元素、统一质量标准、统一质量检测、统一对外宣传的"五统一"管理模式，每年积极组织茶叶企业参加国内外举办的各种茶业博览会、农交会、农博会、万人品茗等各项茶事活动，并在中央、省市主流媒体，高速公路、机场、火车站、公交车等投放梵净山茶品牌宣传广告，通过持之以恒的品牌宣传推介，梵净山茶品牌影响力和知名度逐年提升，先后被国家工商总局、农业农村部认定为"中国驰名商标""国家农产品地理标志保护产品"，梵净山茶系列产品在国际国内各种茶叶评比活动中获各类奖项达 180余项（次）。2018 年，中国国际茶文化研究会授予铜仁市"中国抹茶之都"称号。梵净山茶品牌在 2020 年中国茶叶区域公用品牌价值评估中排名全国第 29 位，品牌价值达 26.2 亿元。

五、渠道建设

2007 年以来，铜仁市按照市内、市外、出口三个目标市场，持续加强梵净山茶市场渠道体系建设，先后在北京、上海、广州、深圳、重庆、济南、郑州等大中型城市建立了梵净山茶营销窗口平台，在北京马连道建立了梵净山茶城，在苏州建立了铜仁梵净山茶推广中心，实行线上线下同步发展，市场拓展成效显著，销售业绩逐年攀升。目前，梵净山茶省内销售点 782 个、省外销售点 363 个，入驻淘宝、京东等电商平台 75 个。

六、质量安全

2007 年以来，铜仁市坚持绿色发展理念，通过全面开展茶园病虫害绿色防控，加强茶园投入品使用及监管，从源头上保障了铜仁市茶叶产品质量安全，通过"三品认证"茶园面积约占铜仁市茶园总面积的90%，建成茶叶全程绿色标准化生产示范基地8个、示范面积2.6 hm²，建成国家级出口茶叶质量安全示范区1个、省级出口茶叶质量安全示范区3个。梵净山茶产品通过欧盟标准500余项指标检测，经农业部、省市质监部门连续9年检测，其农残、重金属及理化指标全部符合国家及省市相关标准要求，检测合格率达100%。

七、产业带动

铜仁市生态茶产业是按全产业链来发展，采取"茶叶龙头企业+茶叶专业合作社+农户（贫困户）""茶叶龙头企业+村级合作经济组织+农户（贫困户）""茶叶龙头企业+茶叶基地+农户（贫困户）"等利益联结模式，从基地建设、基地管理、生产加工、产品包装、市场营销等每个环节带来的收益均为脱贫攻坚做出贡献。截至2020年12月，铜仁市共有117个种茶乡镇、1 232个种茶村，57.15万人从事茶产业。铜仁市125个贫困乡镇中有71个产茶乡镇，产茶贫困乡镇现有茶园面积73 hm²，产茶贫困乡镇贫困人口涉茶人数17.9万人，带动贫困人口年均增收2 259元，茶产业助推脱贫攻坚的成效显著。

第三节　梵净山茶生产加工标准体系建立

由于受长期以来传统农业生产经营的影响，在2010年以前，铜仁市大部分茶农及茶叶生产企业标准化生产意识淡薄，标准化生产程度低，茶叶加工设备落后，茶叶加工技术欠缺，导致生产标准不统一，产品质量不稳定、质量安全难以保障，产品品牌影响力弱、市场占有率低、竞争力不强、生产效益不高，严重影响和制约了铜仁市茶产业的持续健康发展。为实现梵净山茶全程清洁化、标准化生产，提高梵净山茶质量和产量，增加梵净山茶效益，增强梵净山茶产品市场竞争力，2011年，铜仁市茶叶行业协会牵头开展了梵净山茶标准体系建立研究及示范推广，通过制定梵净山茶地方标准并宣贯实施，推进梵净山茶标准化、规范化、规模化、品牌化、产业化发展，降低了茶园管理成本，提高了茶叶效益，有效解决了铜仁市茶园建设标准化程度低，机械化管理及采摘普及率低，清洁化生产加工水平低，产品品质差、产量低、标准不一、质量安全难以保障等问题，并取得了明显的经济效益、社会效益和生态效益。

2011 年，由铜仁市茶叶行业协会牵头，组织铜仁市质量技术监督检测所、铜仁职业技术学院、铜仁市植保站、铜仁市土肥站等相关单位制定了《铜仁市茶叶标准技术规程》，建立了涵盖茶树育苗、茶园规划、茶叶种植、管理、采摘、加工、产品、检测、包装、销售服务、冲泡品饮等从"茶园"到"茶杯"等环节的标准化生产技术体系，并于 2012 年 1 月 1 日由铜仁市质量技术监督局发布实施，填补了铜仁市茶叶标准化生产技术的空白。

2014 年，根据贵州省人民政府、贵州省农业委员会关于做好贵州省十大产业地方标准制定、修订工作要求，结合市场需求的变化和茶叶机械设备的更新，为了更好地适应企业的生产和满足市场需求，铜仁市茶叶行业协会牵头组织铜仁市质量技术监督检测所、贵州松桃梵净山茶叶有限公司等 10 余家企事业单位对《铜仁市茶叶标准技术规程》进行了修订，建立了由 42 项地方标准构成的《梵净山茶品牌综合标准体系》（见表 2-1）；其中，《梵净山 针形绿茶加工技术规程》《梵净山 针形绿茶》《梵净山 卷曲形绿茶加工技术规程》《梵净山 卷曲形绿茶》《梵净山 直条形绿茶加工技术规程》《梵净山 直条形绿茶》《梵净山 红茶加工技术规程》《梵净山 红茶》8 项标准由市级地方标准上升为省级地方标准，于 2015 年 2 月 15 日由贵州省质量技术监督局、贵州省农业委员会发布实施。修订后的《梵净山茶品牌综合标准体系》完整性、科学性、合理性、实用性、指导性更强，形成了铜仁市科学、合理、统一的梵净山茶公共品牌综合标准体系，使梵净山茶的生产、加工、经营、品饮等环节有标准可依、有规范可循。从2015年3月起，《梵净山茶品牌综合标准体系》在铜仁市7个重点产茶县推广实施，有力地推动了梵净山茶公共品牌标准化、规范化、规模化、品牌化、产业化发展，促进了铜仁市生态茶产业发展转型升级。

表 2-1 梵净山茶品牌综合标准体系明细表

类 别	标准名称标准编号
一、综合 标准	梵净山 茶品牌综合标准 DB 522200/T 80—2015
二、基础 标准	梵净山 茶叶全程清洁化技术规程 DB 522200/T 81—2015 梵净山 茶叶产品质量安全追溯操作规程 DB 522200/T 82—2015
三、种植 技术标准	梵净山 无公害茶叶产地环境条件 DB 522200/T 83—2015 梵净山 有机茶叶产地环境条件 DB 522200/T 84—2015 梵净山 茶树无性系良种短穗扦插繁育技术规程 DB 522200/T 85—2015 梵净山 无公害茶叶栽培技术规程 DB 522200/T 86—2015 梵净山 有机茶叶栽培技术规程 DB 522200/T 87—2015 梵净山 标准茶园建设技术规程 DB 522200/T 88—2015 梵净山 低产茶园改造技术规程 DB 522200/T 89—2015 梵净山 茶叶机械化采摘技术规程 DB 522200/T 90—2015 梵净山 无公害茶园土壤管理及肥料使用技术规程 DB 522200/T 91—2015 梵净山 无公害茶园农药使用技术规程 DB 522200/T 92—2015
四、加工 技术标准	梵净山 茶叶鲜叶分级标准 DB 522200/T 93—2015 梵净山 茶叶加工场所基本条件 DB 522200/T 94—2015 梵净山 无公害茶叶加工技术规程 DB 522200/T 95—2015 梵净山 茶叶初精制加工技术规程 DB 522200/T 96—2015 梵净山 绿茶加工技术规程 DB 522200/T97—2015 梵净山 针形绿茶加工技术规程 DB 52/T 1007—2015 梵净山 扁形绿茶加工技术规程 DB 522200/T 99—2015 梵净山 卷曲形绿茶加工技术规程 DB 52/T 1009—2015 梵净山 直条形毛峰绿茶加工技术规程 DB 522200/T101—2015 梵净山 颗粒形绿茶加工技术规程 DB 52/T 1011—2015 梵净山 红茶加工技术规程 DB 52/T 1013—2015 梵净山 红碎茶加工技术规程 DB 522200/T 104—2015 地理标志产品 石阡苔茶加工技术规程 DB 52/T 1014—2015
五、产品 标准	梵净山 针形绿茶 DB 52/T 1006—2015 梵净山 卷曲形绿茶 DB 52/T 1008—2015 梵净山 颗粒形绿茶 DB 52/T 1010—2015 梵净山 红茶 DB 52/T 1012—2015 地理标志产品 梵净山翠峰茶 DB 52/T 469—2011 梵净山 绿茶 DB 52/T 470—2011 地理标志产品 石阡苔茶 DB 52/T 532—2015

续表

类　别	标准名称标准编号
六、检验方法标准	梵净山　无公害茶叶企业检验、标志、包装、运输及贮存标准 DB 522200/T 105—2015
	梵净山　名优绿茶审评规范 DB 522200/T 106—2015
	梵净山　名优红茶审评规范 DB 522200/T 107—2015
七、销售服务管理标准	梵净山　茶青市场建设与交易管理规范 DB 522200/T 108—2015
	梵净山　茶叶销售管理指南 DB 522200/T 109—2015
	梵净山　茶叶冲泡品饮指南 DB 522200/T 110—2015
	梵净山　茶楼茶馆业服务规范 DB 522200/T 111—2015
	梵净山　茶楼茶馆分级标准 DB 522200/T 112—2015
	梵净山　茶品牌使用管理规范 DB 522200/T 113—2015

第四节　梵净山茶标准化生产加工应用

梵净山茶是贵州省铜仁市茶叶区域公用品牌。近年来，通过制定和宣贯梵净山茶品牌地方标准，建立标准化示范区、标准化加工生产线、地理标志示范样板等，大力实施梵净山茶全程清洁化、标准化生产，促进了梵净山茶产量、质量明显提高，也使经济效益、社会效益和生态效益显著增长。

一、梵净山茶标准化生产加工应用情况

1. 梵净山茶标准宣贯情况

通过聘请贵州省茶叶研究所、贵州省质量技术监督局、铜仁市茶叶行业、铜仁市质量技术监督局、铜仁市农产品质量检测中心等单位相关专家，采取举办理论及现场培训班、发放标准实物样、发放标准文本及技术手册、制作种植及加工教学视频等多种形式，在铜仁市7个重点产茶县开展梵净山茶品牌标准宣贯培训，累计举办培训72期、培训5 500人次、贯标企业460余家、发放资料6 500余份。通过开展梵净山茶品牌标准宣贯，进一步提高了梵净山茶标准化生产加工技术，规范了梵净山茶的生产加工过程，促进了梵净山茶标准化、清洁化、品牌化、规模化发展（图2-3～图2-8）。

图 2-3　2015 年，铜仁市组织召开"梵净山茶"品牌标准宣贯实施座谈会

图 2-4　2015 年，铜仁市举行梵净山茶品牌标准宣贯实施培训会

图 2-5　梵净山茶标准化生产加工现场技术指导培训

图 2-6　梵净山茶标准化——手工制茶现场技术指导培训

图 2-7 梵净山茶标准化——手工制茶现场

图 2-8 梵净山茶标准化——农民技术员培训合影（松桃县普觉镇）

2. 梵净山茶标准化示范区建设情况

铜仁市 7 个重点产茶县共建设梵净山茶标准化示范区 5.82 万 hm²，其中，核心区示范面积 1.51 万 hm²，辐射区示范面积 4.31

万 hm²（图 2-9～图 2-11）。2015—2018 年连续四年，通过组织农业、统计等部门专家进行现场测产，结果表明：梵净山茶标准化示范区茶叶基地平均每亩茶青产量 311.6 kg、生产干茶 69.25 kg，与非示范区相比，示范区茶叶基地每亩茶青产量平均增加 79.25 kg、干茶产量增加 17.61 kg、茶青产量和干茶产量分别增长 30.48%、34.1%，示范区茶园每亩平均产值 6 030.12 元，比非示范区茶园平均每亩增加产值 1 533.58 元。

图 2-9　铜仁市建设的标准化茶树病虫害绿色防控示范区——思南县

图 2-10　铜仁市建设的标准化新植茶园基地

图2-11　铜仁市建设的标准化绿色防控示范区——松桃县正大镇

3. 梵净山茶标准化生产加工情况

　　梵净山茶标准宣贯企业累计引进茶叶清洁化生产加工机械2 000
余台（套），改建、扩建清洁化、标准化厂房6.5万㎡（图2-12、图2-13），
累计生产梵净山茶827.54万 hm^2，生产的梵净山茶产品经随机抽检
送样至农业部茶叶质量检测中心、贵州省农产品质量检测中心等权威
机构检测。结果表明：抽检茶叶产品品质良好，无农产和重金属超标，
水浸出物含量为41%～58%，茶多酚含量为8.7%～23.5%，氨基酸
含量为14%～24.5%，总灰分含量≤6.5%，粗纤维含量5.2%～9.0%，
各项指标均符合国家标准及梵净山茶地方标准，产品质量检测合格
率为100%。

图 2-12 铜仁市建成的标准化茶叶加工车间

图 2-13 铜仁市茶叶企业正在进行标准化茶叶加工

二、梵净山茶标准化生产加工效益情况

1.经济、社会和生态效益显著

梵净山茶标准宣贯企业累计实现茶叶产值 72 059.9 万元，每公顷新增纯收益 2 436.65 元，实现总经济效益 18 188.23 万元，年经济效益 4 547.06 万元，推广投资年均纯收益率 8.66 元／元。与非

标准示范区相比，平均每公顷增加产量 17.61 kg、增长 34.1%，平均每公顷增加产值 1 533.58 元、增长 34.11%，平均每公顷减少成本 903.07 元、降低 25.5%，经济效益显著。通过标准化生产示范建设，促进了茶旅一体化发展，示范区建设带动周边农户 10.78 万户，农户主要得到销售茶青收入、务工收入和土地流转收入，户均增收 6 684.59 元、人均增收 1 671.15 元，社会效益较好。梵净山茶标准化生产示范推广中，大力推广茶叶无公害栽培技术、清洁化生产加工，减少农药、化肥的使用，推广应用病虫害绿色防控技术、有机肥替代化肥技术，示范区茶园通过无公害茶叶产地认定面积 5 万 hm^2、有机茶叶认证面积 0.18 万 hm^2，极大地带动了梵净山茶基地标准化发展和标准化管理。此外，示范区内茶园还全面推行测土配方施肥，有效防止农业面源污染，改善了生态环境，减少了水土流失，降低了土壤污染，生态效益显著。

2. 产品品质和质量安全保障提升

通过建立梵净山茶品牌综合标准体系，开展梵净山茶品牌标准体系宣贯，强化梵净山茶品牌标准应用推广，规范了茶园农药、肥料等农业投入品的使用，从源头保障了茶叶产品质量安全。2015—2018 年，随机抽取了梵净山茶标准化示范区茶叶企业生产的茶样 73 个，经送至农业部茶叶质量监督检验测试中心、贵州省出入境检验检疫局等权威机构检测检验，结果表明，梵净山茶产品理化指标全部达标、产品质量优良、无农残和重金属超标，各项指标均符合国家标准及梵净山茶地方标准，产品检测合格率 100%。

3. 品牌知名度和影响力扩大

通过开展梵净山茶品牌标准宣贯及推广应用，梵净山茶品牌知名度和影响力进一步提高，2015 年，梵净山茶获得国家工商总局认定为"中国驰名商标"；2016 年，梵净山茶获得农业部批准为"国家农产品地理标志保护产品"；2020年，在中国茶叶区域公用品牌价值评估中，梵净山茶品牌排名全国第29位、品牌价值26.2亿元，与梵净山茶品牌标准推广实施前相比，梵净山茶品牌排名上升30位、品牌价值增加14.83亿元。

第三章　梵净山茶标准化茶园建设

　　茶树是一种多年生的常绿植物，一年种植可以多年收获。建设高标准、高质量的新茶园，是关系到茶叶产量、茶叶品质、茶产业效益高低的具有决定性作用的基础工作。标准化茶园规划建设涉及内容及环节较多，具体包括标准化茶园选址、规划、开垦、良种选用、茶树种植、茶园管理等各个环节。因此，要实现茶产业高质量、高效化、高品质发展，就必须要做好新茶园规划建设这项基础性工作。

第一节　标准化茶园基本概念

　　所谓标准化茶园，就是按照农业部园艺作物标准园创建技术规范及标准茶园建设技术规范的技术要求，对茶园园地选择、园地规划、茶树种植、茶园管理等各个环节按照标准进行建设和管理的茶园。建设标准化茶园要科学合理地运用生态学原理，因地制宜和充分利用光、热、水、气、养分等自然资源，提高太阳能和生物能的利用率，有效、持续地促进茶园生态系统内物质循环和能量循环，极大地提高生产能力、构建良好的茶园生态系统，达到优质、高产、高效、无污染的目的。如今，提倡按照生态茶园的要求来进行新茶园建设，从而实现茶中有林、林中有茶、茶林相间、绿色发展。总体来说，无论是无公害茶园、绿色茶园、有机茶园，还是生态茶园，茶园建设都是以茶树为主要物种，其生产都要遵循生态学原理，因地制宜建设、科学合理管理、绿色协调发展。在建设的过程中，应遵循以下几点基本要求。

　　（1）采用多物种高度集约化的经营形式，以茶树为主，因地制宜配置其他物种，形成多层次立体复合栽培，各种作物能共生互利，构成合理的生态系统，达到经济效益、生态效益和社会效益的统一。

（2）以市场为导向，调节主、副产品的质与量，以智力密集型替代资源密集型，以最小的物质投入获取最大的优质产品输出。

（3）严格按照生态学发展规律，不断运用综合优化调控技术，防止环境污染和地力退化，建成可持续发展的生态茶叶商品生产基地。

（4）充分发挥生态茶园优势，生产众多的绿色产品和有机产品，提高市场竞争力和经济效益。

第二节　标准化茶园建设标准

标准化茶园的建设应坚持科学合理规划、精耕细作管理原则，按照环境清洁化、茶树良种化、茶区园林化、茶园水利化、生产机械化、栽培科学化"六化"的要求，高标准、高质量地进行茶园建设，从而实现茶园绿色、优质、高产、高效发展。

一、环境清洁化

茶园建设应选址在生态环境良好、空气清新、水源清洁、土壤未受污染的区域，空气、水质和土壤的各项污染物质的含量限值均应符合标准化茶园建设技术规范的要求。同时，要避开都市、工业区和交通要道，与大田作物、居民生活区应有 1 km 以上的隔离带。在茶园周围 5 km 内，不得有排放有害物质（包括有害气体）的工厂、矿山、作坊、土窑等，区域内林木植被保存较好，形成天然的遮阴和防风带。

二、茶树良种化

茶树优良品种是指在一定地区的气候、地理条件和栽培、管理条件下达到高产稳产、制茶品质优良、有较强的适应能力、对病虫害和自然灾害抵抗能力较强，并在生产上获得普遍推广的茶树群体。茶树良种是茶叶优质高效的物质基础，在建立新茶园时，应把茶树良种的选用作为促使茶园达到快速投产、高产、稳产、优质的前提。标准化茶园要实现茶树良种化，就必须做到两点：第一，要根据当地生态条件及生产的茶叶品类和花色选择栽种的主要优良品种，其中，气温是影响引种的重要因素之一；第二，要求种植时进行良种搭配，不能单独种植纯一品种，要利用各品种的特点，相互取长补短，以充分发挥良种在品质方面的综合效应。

三、茶区园林化

要因地制宜、全面规划、统一安排、集中连片、合理布局、山水林路综合治理。标准化茶园要求茶园成块、茶行成条，并在适当地段营造防护林，沟渠、道路旁和园地四周应当适当多种植经济树木、花草等，以美化茶区环境和提高茶园经济效益。

四、茶园水利化

建立标准化茶园应系统规划茶园灌溉水利工程建设，因地制宜搞好排灌系统。园地内沟渠、蓄水池等设施，雨水多时能蓄能排，干旱需水时能引水灌溉，力求做到小雨、中雨水不出园，大雨暴雨不冲毁茶园，增强人为控制水旱灾害的能力。建园时，尽量不要破坏自然植被，以控制水土流失。

五、生产机械化

据估算，在茶叶生产过程中，茶园作业劳力消耗占整个茶叶生产用工的80%以上，如茶园耕作作业深翻施肥，劳动强度大、劳动工作量多，急需机械代替；鲜叶采摘，所需劳力甚多，它严重制约着茶叶生产尤其是名优茶生产的发展，茶园实现生产机械化迫在眉睫。标准化茶园的规划设计、园地管理、茶厂布设、产品加工等，应按能够使用机械化进行生成管理的要求进行规划设计和建设，要能实现机械化或逐步达到机械化的要求。

六、栽培科学化

运用良种，合理密植，改良土壤，要在重施有机肥的基础上适施化肥，做到适时巧用水肥，满足茶树养分的需要，掌握病虫害发生规律，采取综合措施，控制病虫害与杂草的危害；正确运用剪采技术，培养丰产树冠，使茶树沿着合理生育进程发展，达到高产、优质、低成本、高效益的目的。

第三节　标准化茶园园地选址

标准化茶园的规划，要坚持因地制宜、实事求是、适度集中、优化土地利用结构的原则，既要有利于保护茶园的土壤和茶树优良生态环境的形成，同时也要有利于茶园生产的管理和机械化作业。茶园园地选址和对园地进行科学合理规划对建设标准化茶园来说，至关重要。

人工栽培的茶树为常绿植物，一年种、多年收，有效生产期可持续四五十年之久，管理好的茶园可维持更久。茶树生长发育与环境条件关系密切，新茶园建设时园地选择是做好茶园规划的首要前提。新茶园必须建立在生态条件良好的地区，在既定地区内尽量选择山地和丘陵的平地或缓坡地、周围生态环境较好的地段。综合而言，在园地选择时应着重考虑以下几个因素：土壤、气温、降水量、地形地势、生态环境等。

一、土壤

陆羽的《茶经》记载："其地，上者生烂石，中者生砾壤，下者生黄土。"茶树生长发育与土壤的关系十分密切。土壤条件的好坏，直接影响着茶树的生长发育、外部形态特征和组织结构状况，以及生理功能的正常发挥。茶树喜欢酸性土壤，在中性或微碱性土壤里都难以成活。在土壤选择过程中，首先要调查土壤酸碱度（pH）是否适宜。适宜茶树正常生长的土壤，要求呈酸性或微酸性，即pH值为4.5～6.5，以pH值为5.5最宜。酸性土壤可用酸碱指示剂或pH试纸检测，也可通过地表指示植物来进行识别，酸性土壤指示植物有映山红、铁芒萁、杉木、油茶、马尾松等茶树是嫌钙植物。据测试，若土壤中游离碳酸钙超过1.5%时，对茶树就有危害。因此，一般石灰性紫色土和石灰性冲积土都不宜种茶，即便是酸性土壤，因种植其他作物而施了过量的石灰，或者在原为屋基、坟地、窑址等受残留石灰污染的土壤上，茶树也不能正常种植。茶园选择土壤还要求土层深厚、结构良好，有效土层要在1m以上，有机质含量丰富，一般要求其含量为1.2%～1.7%。茶树是既怕旱又怕涝的作物，所以要求土壤通气排水、保水性良好，一般要求地下水位应在0.8m以下。

二、气温

茶树有喜温的遗传特性，茶树生长，要求年平均温度大于13℃，年活动积温在3 500℃以上。活动积温越多，其年生长期越长，年产量就越高。但是，不同茶树品种，适于热量的要求指标却不尽相同。故在不同地区建立新茶园时，应因地制宜地选择适栽的茶树品种。

三、降水量

水分是茶树生命活动过程中一切生物化学反应的介质和基质，也是茶树大量组织的组成成分。茶树所需水分主要来自土壤和空气中的雾露。降水量直接影响着土壤含水量和空气相对湿度，土壤含水量高低的影响因素很多，但主要受降水量所制约，而土壤水量与空气相对湿度却又呈正相关。若土壤含水量和空气相对湿度偏低，茶树的生长产量和品质都会下降。在茶树生长期间，大气相对湿度以 80%～90% 为最好，若大气相对湿度降到 50% 以下时，就会影响茶树生长，因此，园地选择一般要考虑当地降水量分布要求年降水量在 1 500 mm 左右，生长期间月降水量最好在 100 mm 以上，这样方能满足茶树生长。

四、地形地势

新茶园建立，还要考虑地形、地势条件。尽量避免选择山间峡谷、风势强的山顶、山脚地带，以在半山坡种茶最适宜，一般选择地势不高的缓坡地，5°～15° 的坡度为适宜，最大不能超过 25°，因为这样既能适于机械化生产，又具有良好的排水性。同时还要考虑自然灾害小，交通方便，能源、水利资源、电力、人力来源、可开辟的有机肥源及畜禽的饲养条件良好等诸多方面。

五、生态环境

新茶园建设中，除将气候、土壤及地形地势等作为选择园地的主要条件外，还应把符合绿色食品产地的生态环境标准作为依据，努力建设成具有良好生态平衡系统的无公害茶园，以适应国内外消费市场对无公害食品茶叶的需求。一般应选在离城市和要道较远的郊区或山区、库区，这些地区通常自然生态条件好，森林植被茂盛，土层深厚肥沃，环境气候适宜。水库一般建在山区，不仅具有山区的生态特点，而且还由于水体的影响，小气候条件得到改善，往往雾天较多，漫射光丰富，空气相对湿度较高，昼夜温差大，使茶树氮素代谢旺盛，鲜叶的蛋白质、氨基酸、叶绿素、水溶性糖、果胶、维生素和芳香物质含量等均有一定程度的增高，鲜叶持嫩性也得以增强，故成茶香高、味醇、耐泡。另外，一般山区、库区远离城镇和工矿区，地广人稀，林木葱郁，空气清新，生态环境保持着良好的自然水平，无现代工业"三废"的直接污染，可为生产优质、安全、干净的茶叶奠定坚实的基础条件，为了适应高标准茶园的需要，现将生态茶园生产的大气环境标准摘引见表 3-1 所列。

表 3-1 气质量标准中污染物基本项目浓度限值

序　号	污染物项目	平均时间	浓度限值	单　　位
1	二氧化硫（SO_2）	年平均 24 h 平均 1 h 平均	60 150 500	$\mu g/cm^3$
2	二氧化氮（NO_2）	年平均 24 h 平均 1 h 平均	40 80 200	
3	一氧化碳（CO）	24 h 平均 1 h 平均	4.0 10.0	mg/cm^3
4	臭氧（O_3）	日最大 8 h 平均 1 h 平均	160 200	$\mu g/cm^3$
5	可吸入颗粒物（PM_{10}）	年平均 24 h 平均	70 150	
6	细颗粒物（$PM_{2.5}$）	年平均 24 h 平均	35 75	

注：资料来源于国家标准 GB 3095-2012《环境空气质量标准》。

第四节　标准化茶园园地规划

茶园园地规划包括土地规划、道路网、排蓄水系统及茶园生态建设等项目。按照所选地块的地形、地势、土壤、水源及林地的分布情况，对茶、林、沟渠、道路等统筹规划、合理布局，既要有利于茶园生产的管理和机械化生产，又要考虑到有利于保护茶园的土壤和茶树优良生态环境的形成。具体在规划时，要做好勘探调查，因地制宜、科学合理地进行园地规划，使道路系统、排灌系统、遮阳树、护风林及隔离带在茶园中形成合理的布局，为茶园丰产奠定良好的基础。

一、土地分配与主要建筑物布局

1. 土地分配

在园地规划时，除了要对种植茶树的土地进行科学规划外，还要有一定的面积用作粮食或适宜茶园种植的经济林木用地、茶厂员工的生活设施用地、主要建筑物用地等，均需考虑进来并进行统一规划，力求建成高质量、高标准的茶园基地。根据相关调查研究资料显示，一般规划茶场时可以参考以下比例数据：①茶园用地80%；②蔬菜用地2%；③果树等经济作物用地5%；④生活用房及加工厂房用地3%；⑤道路、水利设施（不包括园内小水沟和步道）用地4%；⑥植树及其他用地6%。

2. 主要建筑物的布局

规模较大的茶场，场部是全场行政和生产管理的指挥部，茶厂和仓库运输量大，与场内外交往频繁，生活区关系着职工和家属的生产、生活。故在确定地点时，应考虑便于组织生产和行政管理。要有良好的水源和建筑条件，并有发展余地，同时还要能避免互相干扰。

二、茶园区块划分

划分区块的目的，是为了便于生产管理和场内各项主要设施的布置。区块的划分随地势而定，在建园时，作为茶场基本建设的主要内容之一，应尽可能地考虑便于机具车辆等行驶，适于水利设施，亦适于生产责任承包。每块茶园面积为 0.35 ～ 1.00 hm^2，按各地经验，地块的宽度以能排下35 ～ 50行茶行为限，长度以50 m左右较宜，最长不超过80 m。

三、道路网的设置

道路网是关系到茶行安排、沟渠设置和整个园相的一个重要部分，在开垦之前，就应规划好道路，力求合理与适宜。规模较大的茶场，必须建立道路网，分别设干道、支道、步道（或称园道）（图3-1），以及便于机械操作的地头道。30 hm^2 以上的茶场，一般只设支道和步道。

图 3-1   标准化茶园基地步道规划建设

1. 干道

60 hm² 以上的茶场要设干道,作为全场的交通要道,贯穿场内各作业单位,与附近的国家公路、铁路或货运码头相衔接。路面宽 6～8 m,能供两部汽车来往行驶,纵坡小于 6°(即坡比不超过 0.3),转弯处曲率半径不小于 15 m。小丘陵地的干道应设在山脊。16°以上的坡地茶园,干道应开成 "S" 形。梯级茶园的道路,可采取隔若干梯级空一行茶树为道路。

2. 支道

支道是机具下地作业和园内小型机具行驶的主要道路,每隔 300～400 m 设一条,路面宽 3 m～4 m,纵坡小于 8°(即坡比不超过 0.14),转弯处曲率半径不小于 10 m。有干道处应尽量与之垂直相接,与茶行平行。

3. 步道

步道作为下地作业与运送肥料、鲜叶等物之用，与干、支道相接，与茶行或梯出长度紧密配合，通常支步道每隔 50～80 m 设一条，路面宽 1.5～2.0m，纵坡小于 15°（即坡比不超过 0.27），能通行手扶拖拉机及板车即可。设在茶园四周的步道称包边路，它还可与园外隔离，起防止水土流失与园外树根等侵害的作用。

4. 地头道

供大型作业机调头用，设在茶行两端，路面宽度视机具而定，一般宽 8～10 m，若干道、支道可供利用的，则适当加宽即可。

设置道路网要利于茶园的布置，便于运输、耕作，尽量减少占用耕地。在坡度较小、岗顶起伏不大的地带，干道、支道应设在分水岭上，否则，宜设于坡脚处，为降低减缓坡度，可设成"S"形。

四、水利网的设置

茶园的"水利网"，应包括保水、供水和排水三个方面。结合规划道路网，把沟、渠、塘、池、库等水利设施统一安排，要沟渠相通、渠塘相连，雨多时，水有去向；雨少时，能及时供水。完善各项水利设施，做到小雨、中雨时水不出园，大雨、暴雨时泥不出沟，需要水时又能引堤灌溉。各项设施与园地耕锄结合。各项设施需有利于茶园机械化管理，须适合某些工序自动化的要求。茶园水利网设置包括如下项目。

1. 渠道

渠道主要作用是引水进园，蓄水防冲及排除渍水等，分干渠与支渠。为扩大茶园受益面积，坡地茶园应尽可能地把干渠抬高或设在山脊。按地形地势可设明渠、暗渠、拱渠，两山之间用渡槽或倒虹吸管连通。渠道应沿茶园干道或支道设置，若按等高线开的渠道，应有 0.2%～0.5% 的比例的落差。

2. 主沟

主沟是茶园内连接渠道和支沟的纵沟，其主要作用是在雨量大时，能汇集支沟余水注入塘、池、库内，需水时能引水分送支沟。平地茶园的主沟，能起到降低地下水位的作用。坡地茶园的主沟，沟内应有些缓冲与拦水工程。

3. 支沟

支沟应与茶行平行设置，缓坡地茶园视具体情况开设，梯级茶园则在梯内坎脚下设置。支沟宜开成"竹节沟"。

4. 隔离沟

隔离沟亦称"截洪沟"。其作用在于阻止园外植物根系与积水径流侵入园内，以及防止园内水土流失。开设位置在茶园与林地、农田交界处，一般沿等高线开设在路的上方，与园内主沟相通。隔离沟深 50～100 cm，宽 40～60 cm，与横向园边路相结合。

5. 沉沙凼

园内沟道交接处须设置沉沙凼。主支沟道力求沟沟相接，以利流水畅通。水库、塘、池根据茶园面积大小，要有一定的水量贮藏。在茶园范围内开设塘、池（包括粪池）贮水待用，原有水塘应尽量保留，每 2～3 hm² 计茶园，应设一个沤粪池或积肥坑作为常年积肥用。

贮水、输水及提水设备要紧密衔接。水利网设置，不能妨碍茶园耕作管理机具行驶。要考虑现代化灌溉工程设施的要求，具体进行时，可请水利方面的专业技术人员设计。

五、防护林与遮阴树

凡冻害、风害等不严重的茶区，以造经济林、水土保持林、风景林为主。一些不宜种植作物的陡坡地、山顶及地形复杂或割裂的地方，则以植树为主，植树与种植多年生绿肥相结合，树种须选择速生、防护效果大、适合当地自然条件的品种。乔木与灌木相结合，针叶与阔叶相结合，常绿与落叶相结合。灌木以宜作绿肥的树种为主。园内植树须选择与茶树无共同病虫害、根系分布深的树种。林带必须与道路、水利系统相结合，且不妨碍实施茶园管理使用机械的布局。

1. 林带布置

以抗御自然灾害为主的防护带，则须设主、副林带；在挡风面与风向垂直，或成一定角度（不大于45°）处设主林带，为节省用地，可安排在山脊、山凹、茶园内沟渠、道路两旁植树，构成一个护园网。如无灾害性风、寒影响的地方则在园内主、支沟道两旁按照一定距离栽树，在园外迎风口上造林，以造成一个"园林化"的环境。就广大低丘红壤地区的茶园来看，山丘起伏，纵横数里，树木少见，这种环境是不符合茶树所要求的生态条件的，"园林化"更有必要。防护林的防护效果，一般为林带高度的15～20倍，有的可到25倍，如树高可维持20 m，就可按400～500 m距离安排一条主要林带，栽乔木型树种2～3行。行距2～3 m，株距1.0～1.5 m，前后交错，栽成三角形，两旁栽灌木型树种。林带结构有紧密结构、透风结构和稀疏结构三种。风寒冻害严重地带，以设紧密结构林带为主，林带宽度为15～20 m。有台风袭击的地带，宜用透风结构或稀疏结构，其宽度可到30 m。以防御自然灾害为主的林带树种，根据各地的自然条件去选择。目前，茶区常用的有杉木、马尾松、黑松、白杨、乌桕、麻栋、皂角、刺槐、梓树、油桐、油茶、樟树、槐树、合欢、黄檀、桑、梨、柿、杏、杨梅、柏、女贞、竹类等。华南尚可栽柠檬桉、香叶铵、大叶铵、小叶桉、木麻黄、木兰、榕树、粉单竹等。作为绿肥用的树种有紫穗槐、山毛豆、胡饺子、牡荆等。

2. 行道树布置

茶场范围内的道路、沟渠两旁及住宅四周,用乔木、灌木树种相间栽植,既能美化环境,又能保护茶树,更能提供肥源。按一定距离栽于干道、支道两旁,两乔木树之间,栽几丛能作绿肥的灌木树种。道路与茶园之间有沟渠相间的,可以栽苦楝等根系发达的树种。

3. 遮阴树布置

茶园里栽遮阴树,在我国华南部分地区较普遍,如广东高要、鹤山等县的茶园,栽遮阴树有几百年的历史。在热带和邻近热带的产茶国家,如印度、斯里兰卡、印度尼西亚等国也有种植。

茶树在遮阴的条件下,长势会有一定程度的影响,进而影响茶叶的产量与品质。据印度托克莱茶叶试验站的资料认为,遮阴有以下好处。

(1) 遮阴树能提高茶树的经济产量系数。遮阴区的茶树经济产量系数值为32.8,竹帘遮阴区为31.0,未遮阴区为28.7。由此说明,遮阴树能使相当大的一部分同化物转移到新梢形成上。

(2) 遮阴对成茶品质有良好的影响。据审评结果,在50%光照强度条件下,茶汤的浓度和汤色有明显的改善。

(3) 在一年的最旱季节能保持土壤水分。如种有一定密度的成龄枫树、龙须树的茶园,有助于茶园土壤水分的保持,种有刺桐树的茶园中,0～23 cm和23～46 cm内土层中,全年最干的10月至翌年3月份,土壤含水量高于未遮阴的茶园。

(4) 遮阴树的落叶,增加了茶园中有机物。按12 m² 种一株遮阴树的密度,每公顷的落叶能给土壤增加5 t有机质,相当于每公顷增加77 kg氮素。中等密度(50%～60%光密强度)的楹树的枯枝落叶干物质每公顷1 250～2 500 kg,其营养元素每公顷为氮31.5～63 kg,磷9～18 kg,钾11～22 kg,氧化钙16～32 kg,

氧化镁 8 ～ 16 kg。

（5）遮阴树对茶树叶面干物质重量的增加有良好的影响，对各季与昼夜土壤温度的起伏有缓冲效应，有利于根系与地上部生长。

（6）遮阴树改变小气候，有利于茶树生长。如遮阴树能明显地吸收有害红外辐射光，降低叶温，并有效地弥补在高气温和低风速气候条件下有用的可见波段光波减少的弊端。遮阴树能减少那些与光合作用高峰有关的波段（400 ～ 450 um 和 600 ～ 700 um）。

（7）遮阴树对茶病虫害有的有利，有的不利。如茶饼病和黑腐病在遮阴条件下发生较重。螨类、茶红蜘蛛、茶橙瘿螨，在遮阴条件下发生少，危害轻。

据国外茶园栽遮阴树的初步结论，认为在夏季叶温达 30 ℃ 以上的地区，栽遮阴树是很有必要的，若不会达到这种叶温的地区，则没有必要栽遮阴树。其实，以往考虑是否要种植遮阴树，主要是从有利于产量的提高和病虫害的防治问题出发，所以有些国家将已种植的遮阴树砍去，如南印度、斯里兰卡和印度尼西亚。而南印度在砍去海拔 2 000 m 茶区的遮阴树后，茶叶品质有所下降，又重新栽上。解决遮阴能对产量与品质均有良好作用，关键是控制遮阴程度。据印度托克莱茶叶试验站资料，在光照强度为 20% ～ 50% 范围内，茶树叶面积能保持稳定；30% 至全日照范围内，则显著下降。在 35% ～ 50% 光照强度条件下，叶面积最大，全日照条件下，叶面积最小。茶树整株重量，在 50% 至全日照条件下，其重量相同。茶叶重量 50% 光照强度下最高。四种不同光照强度的茶叶产量相对值依次为 50% ＞ 35% ＞ 100% ＞ 20%。

第五节　标准化茶园园地开垦

茶园规划后，需要绘出效果图，然后按地块逐步进行开垦，这是标准化茶园的一项基础工作。

一、地面清理

在开垦前，先要进行地面清理（图3-2）。对园地内的柴草、树木、乱石、坟堆等分别酌情处理。柴草应先刈割并挖除柴根和繁茂的多年生草根；尽量保留园地道路、沟、渠旁的原有树木，万不得已才砍伐；乱石可以填于低处，但应深埋于土层1 m之下，坟堆应迁移，并拆除砌坟堆的砖、石及清除已混有石灰的坟地土壤，以保证植茶后茶树能正常生长。平地及缓坡地如不甚平整，局部有高墩或低坑应适当改造，但要注意不能将高墩之表土全部搬走，须采用打垄开垦法，并注意不要打乱土层。

图3-2　地面清理

二、平地、缓坡地开垦

平地及坡度在15°以下的缓坡地茶园（图3-3），根据道路、水沟等可分段进行，并要沿着等高线横向开垦，以使坡面相对一致。若坡面不规则，应按"大弯随势，小弯取直"的原则开垦，全面深耕 50 cm 以上即可。

　　生荒地一般经初垦和复垦。初垦一年四季可进行，其中以夏、冬更宜，利用烈日曝晒或严寒冰冻，促使土壤风化。初垦深度为 50 cm 左右，全面深翻，土块不必打碎，以利蓄水；但必须将树根、狼萁等多年生草根清除出园，将杂草清理出成堆集于地面，防止杂草复活。复垦应在茶树种植前进行，深度为 30～40 cm，并敲碎土块，再次清除草根，以便开沟种植。熟地一般只进行复垦，如先期作物就是茶树，一定要采取对根结线虫病的预防措施。

图 3-3　平地缓坡茶园

三、陡坡梯级垦辟

　　坡度在 15°～25° 的茶园，地形起伏较大，无法等高种植，可根据地形情况，建立宽幅梯田或窄幅梯田。陡坡地建梯级茶园的主要目的：一是改造天然地貌，消除或减缓地面梯度；二是保水、保土、保肥；三是可引水灌溉。

1. 梯级茶园建设原则

（1）梯面宽度便于日常作业，更要考虑适于机械作业。

（2）茶园建成后，要能最大限度地控制水土流失，下雨能保水，需水能灌溉。

（3）梯田长度在 60～80 m，同梯等宽，大弯随势，小弯取直。

（4）梯田外高内低（呈 2°～3°，为便于自流灌溉，两头可呈 0.2～0.4 m 的高差），外埂内沟，梯梯接路，沟沟相通。

（5）施工开梯田，要尽量保存表土，回沟植茶。

梯面宽度在坡度最陡的地段不得小于 1.5 m，梯壁不宜过高，尽量控制在 1 m 以内，不要超过 1.5 m。

2. 梯面宽度确定

梯面宽度随山地的坡度而定，还受梯壁高度所制约。从各地经验看，梯面宽度在坡度最陡的地段不得小于 1.5 m，梯壁不宜过高，尽量控制在 1 m 之内，不要超过 1.5 m。可用测坡器等测出坡度，不同坡度山地的梯面参考宽度如表 3-2 所示。

表 3-2　不同坡度山地的梯面参考宽度

地面坡度（°）	种植行数（行）	梯面宽度（m）
＜5	6～13	
5～10	4～8	
10～15	3～4	5～7
15～20	2～3	3～5
20～25	1～2	2～3

3. 修筑梯田

修筑梯田是我国茶园建设的一大特色（图 3-4）。我国广大劳动人民对坡地修筑梯田有着极其丰富的经验，形式也多种多样。茶区群众利用石块砌坎，牢固持久，但投资较大；用泥土夯砌，容易垮塌。较为普遍使用的是挖取草皮砖砌坎，它具有投资少、花工小、较牢固等特点。修筑梯坎时，先用锄头沿等高线挖好梯坎的基脚，然后用石块或草皮砖在基脚上一层层垒砌起来，草皮砖长 30 ～ 40 cm、宽 20 ～ 25 cm、厚 15 cm 左右（不可用带有茅草根的草皮），要翻转过来垒砌，使草皮压在下面，上下层的石块或草皮砖要相互交错呈"品"字形，垒砌要坚实，不可露缝，一面砌坎，一面把坡地上方的泥土挖下来，填平梯面。附近的小石块可填在梯坎基脚内，以巩固梯坎。肥沃的表土，应当尽可能保留在梯面，所以修筑梯地最好先从山脚最下一条等离线筑起，当下面一层梯面做好后，再将上层的表土向下翻移，就可使大部分表土保留在梯层表面，以利茶苗生长。有的地方为了简便省工，常常先从最上层梯地开始修筑，这样就会把表土埋入底层，不利于茶苗初期生长。若采取自上而下施工时，最好先把表土挖到一边，待梯面修好后，再将表土移到茶树种植沟内，这种办法茶农称为"表土回沟"。每层梯面修好后，都需要随即深挖 40 ～ 50 cm（梯坎不挖），然后再铺表土。等到各层梯地修筑完毕，再把规划好的茶园道路连接起来，并在路边和梯地内侧挖好排水沟和沉沙坑。修筑梯地还应注意如下几项质量要求。

图 3-4 梯田茶园

（1）梯地尽可能保持等高水平，梯面宽度最好大致相等。但在地形复杂、坡度不一致的情况下，做到等高就很难做到等宽，两者相比，主要要求做到等高，适当注意到等宽。修砌梯坎时，要看山势，大弯随弯，小弯取直。

（2）梯面宽度，如种一行茶要达到 2 m 左右，如种两行要达到 3 m 以上。

（3）为使梯坎牢固持久，梯壁要保持一定的倾斜度，一般以 60°～70° 为宜；梯面外侧略高于内侧呈反坡形；背沟不要离梯壁太近；梯壁的杂草只能用镰刀割除，不能用锄头铲除，以免铲掉梯壁的泥土；梯坎边和梯壁上可种植紫穗槐、金针菜等宿根植物，以巩固梯坎。

（4）必须修好茶园道路和排水、蓄水系统，做到梯梯接路，沟坑相通。

（5）注意梯田的护理，防止梯壁崩垮和减轻梯壁的自然侵蚀。除在修梯田时注意质量外，在修好后要及时清理排水沟，防止淤积，如发现崩垮现象，要及时整修。

第六节　标准化茶园良种选择

茶树种植要重点把握茶树良种的选用、规范种植技术、科学合理施肥、浇足定根水和必要的修剪等几项工作。

一、茶树良种的选用

茶树品种既是茶叶生产最基础、最重要的生产资料，也是茶业可持续发展的物质基础。选用优良的茶树品种，采用科学的栽培技术，才能培育出优质、高产的茶园。

1. 茶树良种选用的原则

茶树良种的选用与推广良种是提高茶园单产、改进茶叶品质、增强茶树抗性、降低生产成本、实现茶叶无公害生产的最根本措施。新建茶园应选用无性系良种和其他优质、高产、经济性状好的茶树良种，在此前提下，还应根据当地的气候、地理条件选用茶树品种，根据茶类的适制性选用茶树品种，根据该品种的品质和产量选用茶树品种。

2. 茶树栽培优良品种

我国茶树良种资源丰富，现有栽培茶树品种600多个，有较大栽培面积的达250多个，其中，经全国茶树品种审定委员会自1984年以来3次审定（包括认定）的国家级茶树良种77个。1984年11月，全国茶树品种审定委员会对各省份上报的茶树地方良种进行了审定，公布了福鼎大白茶、祁门茶、黄山种、云台山种、政和大白茶、宜昌种、凤凰水仙、紫阳种等30个地方良种为全国第一批认定的茶树良种。从20世纪70年代开始，我国茶叶科研与教学单位通过系统选种与杂交育种，陆续育成一批茶树新品种，如中国农业科学院茶叶研究所育成的龙井43、碧云；浙江农业大学茶叶系育成的浙农12、浙农21、浙农25等。这些品种有的已在生产上大面积推广，有的在单产上或品质上表现出明显的优越性。1987年1月，全国良种审定委员会对上报的各新育成品种进行了审定，公布了黔湄419、龙井43、安徽1号、福云6号等22个全国第二批认定的茶树良种。1995年5月，全国良种审定委员会又一次对上报的新育成品种进行了审定，公布了皖农95、龙井长叶浙农113、宜红早等25个全国第三批认定的茶树良种。实践证明，无论原有的地方良种还是新育成良种，只要良种与优良的栽培法结合起来，就都可显出种植良种的优越性。

二、茶树良种选用与搭配

在新茶园建设时，应遵循茶树良种选用的原则，科学选用茶树品种，并对不同类型的品种进行合理搭配种植。茶树良种选用应注意以下几点。

（1）根据新建茶园气候、土壤、茶类的安排，有目的地选用茶树优良品种，形成茶园品质特色。采用的茶树品种，要有目的地合理搭配，一般选用一个当家品种，其面积应占种植面积的70%左右，其搭配品种占30%左右。

（2）在选用品种时可将不同品质特色的品种，按一定的比例栽种，以便能将香气特高、滋味甘美、颜色浓艳的等不同品种的鲜叶，分别加工后进行拼配，可以提高茶叶品质。

（3）选用品种时要注意早、中、晚生品种搭配，既可以错开茶叶采摘、加工高峰期，缓解动力不足的问题，还可以充分利用加工厂房和机械设备，减少闲置和浪费。在栽种时注意同一品种要相对集中栽培，以便于管理。

第七节　标准化茶园茶树种植

一、种植前的整地和施基肥

茶树能否快速成园及成园后持续高产，与种前深垦和基肥用量有关。因为，种前深垦既加深了土层，直接为茶树根系扩展创造了良好的条件，又能促使土壤进行一系列的理化变化，提高蓄水保肥能力，为茶树生长提供良好的水、肥、气、热条件；深垦结合施入一定量的有机肥料作为基肥，更能发挥深垦的作用。

种前未曾深垦的土层必须重新深垦，已经深垦的，则可以开沟施入基肥，按快速成园的要求，用大量的土杂肥或厩肥等有机肥料和一定用量的磷肥，分层施入作基肥。生产时间中，种植前基肥用量相差较大，有的每公顷用厩肥或土杂肥 15 t、45 t，磷肥 0.3 t，多至 3.0 t 不等。一般种植前基肥施量少的，则以后逐年加施，才能获得快速成园的效果。按大多数中产栽培的情况，种植前每公顷以土杂肥为基肥应不少于 37.5 t，磷肥 1.5 t；结合深垦，分层施于种植沟中。地面平整后，按规定行距，开种植沟，在平地或缓坡地可用机械开沟，广东英德中侨茶场在茶园以开沟犁与东方红 -75 型拖拉机配套开种植沟，一次可开出沟口宽 70 ～ 80 cm、沟深 30 ～ 60 cm、沟底宽 20 ～ 30 cm 的种植沟，一天能完成 4.5 ～ 5.0 hm^2 的开沟任务。

二、种植规格

这里讲的规格，是指现有专业茶园中的茶树行距、株距（窝距）及每窝定苗数。近十年来，一些省（区）试种多行密植，又称"矮化密植"。所谓"合理密植"，就是要使茶树能充分利用光能和土壤营养面积，能正常地生长发育；同时还要因栽植区域、茶树品种及管理水平等而确定种植规格。现有专业茶园中的茶树行距、株距（丛距）及每丛定苗数密，一般为单行单株（双株）（150 ～ 180）cm×33 cm；双行单株（双株）（150 ～ 180）cm×40 cm×30 cm。这种密度，在正常管理情况下，能使茶树地上部和地下部充分占驻所辖的范围，构成一个合理的群体结构，得到正常生长。茶树的行窝距及窝中株数是个体与群体的关系。若种植稀，个体可能会得到充分发展，但单位面积内的个体数不够，不能获得丰产。若种植密，早期产量高，成龄以后对个体会有过分的抑制，产量也会受到影响。

茶树的经济树龄有几十年。所谓合理的群体结构，应当以成龄阶段树型固定时所要占驻的空间位置为标准。日本茶农为经济用地，有所谓的"展开法"种植方式，即随树冠、根系的扩大，挖去中间的 1 ～ 2 行移植成新茶园，园内保持 1.8 m 行距。

今后随着茶树良种选育工作的进展。将普通采用换种改植，缩短茶树使用年限，茶树的经济年龄的概念将会相应地有所改变，种植规格亦会相应地重新考虑。不过，种植规格一定要适合机械作业，茶树种植规格化正是秉承了茶园耕作管理等工序的机械化，机械的系列化、通用化和标准化。

　　茶行规格确定后，即按其规格测出第一条种植行作为基线。平地茶园要以地形最长的一边或干道、支道、支渠作为依据，将基线与之平行，多 1 m 宽的边划出第一条线作为基线，以此基线为标准，按所定的行距，依次划出各条种植线。梯级茶园种植时，内侧应留水沟，外边应留坎埂。

三、定植时间与方法

　　提高茶苗的移栽成活率，一是要掌握农时季节，二是要严格栽植技术，三是要精细管理。

1. 定植时期

　　确定移栽适期的依据，一是看茶树的生长动态，二是看当地的气候条件。当茶树进入休眠阶段。选择空气湿度大和土壤含水分高的时期移栽茶苗最适合。在长江流域一带的广大茶区，以晚秋或早春（11 月或翌年 2 月）为移栽茶苗的适期。云南省干湿季明显，芒种至小暑（6 月初至 7 月中旬）已进入雨季，以这段时间为移栽茶苗的适期。贵州省一般在 11 月至翌年的 3 月份前是移栽的最佳时期。故移栽时期主要根据当地的气候条件决定。具体时间可在当地超期范围内偏早一点进行为好；早一点移栽，茶苗地上部正处于休眠阶段或生长缓慢阶段，可以使移栽损伤的根系有一个较长的恢复时间。

2. 定植步骤与方法

　　（1）拉绳开窝。根据种植规格，按规定的行窝距拉绳开好定植窝，现开现栽规范开挖定植穴（"品"字形）（图 3-5）。

图 3-5　标准化茶园建设拉绳开窝

（2）泥浆醮根。先用新土与水按 3∶1 混合制作成黏性强的泥浆，然后将每小捆茶苗的茶篼逐一放在泥浆池（泥浆桶）内搅动，使根系充分醮泥（图 3-6）。

图 3-6　标准化茶苗泥浆醮根

（3）栽植方法。起苗前，应做好移栽所需的准备工作，开好栽植沟，施入基肥，肥料与土拌匀，上覆盖一层表土，然后进行栽植茶苗。栽植沟深有33 cm左右。茶苗要保证质量，即符合出圃规格。中叶种每窝2～3株，大叶种单株栽植，亦可3株栽植。一窝栽苗1～2株的茶苗，其规格必须一致，绝对不能同窝搭配大小苗。凡不符合规格的茶苗，可以假植，加强培肥，待来年再移植，实生苗若主根过长，即把超33 cm以上的部分剪掉，但应注意保存侧根多的部位。移栽茶苗（图3-7）要一边起苗，一边栽植，尽量带土，勿伤根系，这样可提高成活率。用营养钵苗移栽，营养钵未腐烂的，须打开钵底和钵壁以免茶苗根系与穴内土壤隔绝而影响其生长。

图3-7　标准化茶苗移栽

茶苗移入沟内，应保持根系的原来姿态，使根系舒展。茶苗放入沟中，边覆土边踩紧，使根与土紧密相结，不能上紧下松。待覆土至 2/3～3/4沟深时，浇安兜水，水要浇到根部的土壤完全湿润，边栽边浇，待水渗下再覆土，填满踩紧，并高出茶苗原来入土痕迹（泥门）处2 cm左右。覆成小沟形，以便下次浇水和蓄积雨水。

移栽茶苗如果稍有马虎，或栽后管理粗放，就极易死苗，有些地方的"年年栽茶不见茶"现象，主要原因就在这里。

第四章　梵净山茶标准化茶园管理

茶园管理是茶叶生产的重要环节，是提高茶叶产量、质量和经济效益的前提和基础，但同时这些环节也是工作量较大、劳动强度较高的环节。茶园管理内容包括水分管理、土壤管理、施肥管理、修剪管理和病虫害防治管理等五个方面。

第一节　标准化茶园管理内容

一、标准化茶园水分管理

水分是茶树细胞原生质的重要组分，是正常进行光合作用和细胞分裂必不可少的条件，茶树是喜欢漫射光和耐阴喜湿的植物，虽需水量大但有规律，要求相对湿度在80%左右，田间持水量在65%～80%。茶树的水分来源于大气降水和土壤的蓄水能力，特别是干旱季节，蓄水能力越好的茶园，抗旱能力越好，因此，要根据土壤蓄水能力的强弱进行合理水分管理。一是有条件的茶园可以修小水库、小山塘、蓄水池等进行蓄水与排灌，下大雨的时候可蓄水，在干旱少雨的时候进行排灌，一般条件可进行人工排灌，条件好的可铺设管道自流排灌；二是坡度大的茶园，要建梯级式茶园，以缓冲和减少水土流失；三是进行茶园行间铺草，避免茶园土壤的阳光直射而减少土壤水分损失；四是进行合理的茶园耕作和增施土壤有机肥，以增肥土壤和促进保水；五是在茶园中适当种植些行道树，给茶园遮阴，增加漫射光，改善茶园小气候和减少土壤水分损失。

二、标准化茶园土壤管理

1.茶园耕作技术

（1）浅耕（图4-1）。浅耕是深度在15 cm以下的耕作。结合除草施肥进行，次数依杂草蔓生情况及土壤松紧状况而定。通常在春茶前（3 月上、中旬）进行一次，结合追肥以提高地温、疏松土壤；春茶末（5 月中、下旬）进行第二次，结合追肥以疏松因采春茶踏实的表土，增加肥料、消除杂草；夏茶末（7 月中、下旬）进行第三次，结合追肥以疏松土壤，破坏土壤中毛细管，减缓盛夏土壤水分的蒸发，补充土壤养分，消灭旺盛的夏草。

图 4-1　标准化茶园浅耕

（2）深耕。深耕宜在衰老茶园和种茶前未深垦过的茶园中进行。以深度在 15 cm 以上不超过 30 cm、宽度 40～50 cm 为宜。并施用有机肥，在 9 月中旬至 10 月下旬隔行、隔年轮流进行。衰老茶园的深耕结合树冠改造进行。行距 1.5 m 的单行茶园，深耕的深度不超过 50 cm；密植免耕的茶园（双行行距 150 cm），宽度不超过 40 cm。深耕时间在树冠更新的前一年秋季和初冬进行。

2.茶园铺草技术

茶园铺草主要用于新植茶园或种植未满 3 年的未封行、未投产的幼龄茶园的防旱和防冻土保苗。

（1）铺草时间。新植茶园最好栽后就立即铺草，便于促进茶园土壤水分的保持，增加土壤的湿润度，有利提高茶苗成活率。若是2～3年的幼龄茶园，铺草则全年都可进行。若以防旱为主，则在春茶后或旱季来临前进行，若是为防冻土，则在11月份前进行。

（2）铺草的厚度。以不见土为宜，一般铺8～10 cm厚，每亩用草料4 000～4 500 kg。

（3）铺草方法。将草料顺着茶行铺在茶丛的两侧和茶行行间（指双行双株种植的小茶行行间），铺草方向宜顺着茶行行向。

3.茶园间作技术

茶园间作主要用于种植未满3年的幼龄茶园，以提高土地利用率，以短养长和增加农民收入为目的。间作作物的选择：一是间作作物不能与茶树争水、争肥；二是有抑制茶园杂草的作用；三是不与茶树有共同发生的病虫害；四是能增加茶园土壤中的营养物质，如黄豆的固氮菌等。间作作物和方法：可以选择间作大豆、花生或其他绿肥等，间作在茶行的大行距中、顺茶行间作（图4-2）。

图4-2　幼龄茶园间作黄豆

三、标准化茶园施肥管理

茶园施肥需根据茶树需肥的特点和茶园采摘的频率掌握施肥时期、方法和次数。

1.基肥施用时间

时间以秋末冬初为宜，每年 10 ～ 11 月底，因为此时茶树地上部分停滞生长，而地下部分生长开始活跃，基肥施用有利于发根和茶树营养的积累，为来年丰产提供肥源保障。

2.追肥的施用量

幼龄茶树施堆肥或饼肥（菜子饼或枯饼）200 kg/667 m²，配施磷肥 12.5 kg/667 m²、钾肥 7.5 kg/667 m²，或单施氮、磷、钾复合肥 200 ～ 250 kg/667 m²；成年采摘茶园施堆肥或饼肥 250 ～ 300 kg/667 m²，配施磷肥 15 kg/667 m²、钾肥 10 kg/667 m²，或单施氮、磷、钾复合肥 250 ～ 300 kg/667 m²。

3.基肥施用方法

采用沟施，在茶行两侧，离根茎 10 ～ 30 cm 处开沟 20 ～ 30 cm 深施，离根茎距离视茶园茶树实际情况而定，施后覆土，避免雨水淋失。

4.根外施肥

将肥料配成溶液、喷洒在茶树叶面上，通过茶树表皮细胞的渗透作用吸收营养。喷肥时叶背、叶面均应喷到，以利吸收。喷肥时间宜选择在阴天、傍晚或清晨这三个时段，以减少肥分蒸发损失。

四、标准化茶园修剪管理

1.定型修剪

幼龄茶树定型修剪分三次进行。第一次在茶苗移栽定植时，当定植茶苗有 75% ～ 80% 长到 30 cm 以上时进行，用枝剪剪去离地

12～15 cm 以上部分（图 4-3）；第二次在第一次修剪一年后进行，
在第一次剪口上提高 25～30 cm 处修剪（图 4-4）；第三次在第二
次修剪后的一年后进行，在第二次剪口上提高 35～40 cm，用篱剪
或修剪机修剪（图 4-5）。

图 4-3　幼龄茶园第一次定型修剪

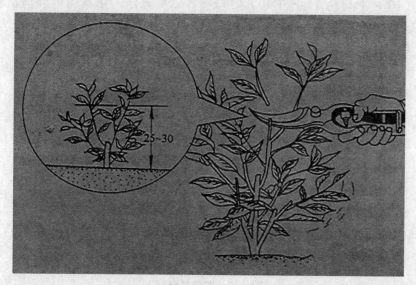

图 4-4　幼龄茶园第二次定型修剪

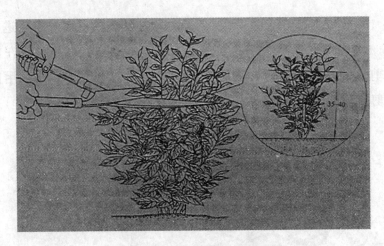

图 4-5　幼龄茶园第三次定型修剪

2.轻修剪和深修剪

（1）轻修剪（图 4-6）。修剪对象是投产茶园，每年在茶树树冠采摘面上进行一次，长势旺盛也可隔年一次，在春茶前（2月底至 3月初）或春茶后（5月中下旬）进行。冬季无冻害的茶区，亦可在秋末（10月下旬至 11月中旬）时修剪。修剪方法：用篱剪或修剪机剪去树冠上部 3 ～ 5 cm 的枝叶。

图 4-6　茶园轻修剪

（2）深修剪（图4-7）。修剪对象是投产茶园，在春茶萌动前或春茶采后进行，每隔几年进行一次深修剪。对象是经多年采摘和轻修剪，树冠上面发生许多浓密细小分枝（俗称"鸡爪枝"）的茶园，剪去树冠上部10～15 cm的一层"鸡爪枝"。

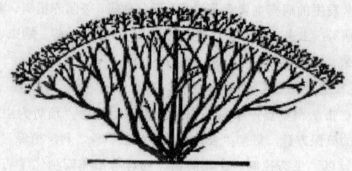

图 4-7　茶园深修剪

3. 重修剪和台刈

（1）重修剪（图4-8）。修剪对象是半衰老和未老衰的茶树。重修剪程度是剪去离地高30～45 cm为宜，过轻，效果不明显；过重，树势难恢复，影响产量。时间为5～6月或夏茶结束后立即进行。

（2）台刈。台刈是重新培养树冠、恢复树势、创造高产优质的茶树新环境。台刈对象是未老先衰严重和极度衰老的茶树，台刈的高度控制在离地5～6 cm为宜，时间以春茶结束后为佳。

图 4-8　茶园重修剪

第二节　标准化茶园病虫害防治管理

（一）主要病虫害种类

根据铜仁市 7 个重点产茶县历年来的实际观察及调查情况来看，铜仁茶区发生的病害主要有茶饼病、茶白星病、茶园赤星病、炭疽病、茶芽枯病等；虫害主要有茶尺蠖、茶毛虫、茶小绿叶蝉、螨虫、蚜虫、黑刺粉虱、绿盲蝽等。

（二）主要病虫害防治技术

铜仁市 7 个重点产茶县茶园病虫害防治坚持"预防为主、综合防治"的植保方针，贯彻"公共植保、绿色植保、科学植保"理念，全面推行以"生态控制、生物防治、物理防治和安全化学防治"集成优化的绿色防控技术。全面施用低毒低残留农药，优先选择生物源和矿物源农药，全面禁止施用高毒高残留农药，严格按照农药施用制度。茶区全面推行人工除草、全面使用高效施药器械。

1. 生态控制技术

生态控制改善茶园生态环境，保护茶园生物群落结构，维持茶园生态平衡，促进茶园生态系统良性循环，构建茶园天敌的栖息、繁殖场所和茶园生物链，增加茶园有益天敌种群数量。

（1）幼龄茶园。套种豆科绿肥植物（如苕子、紫云英、三叶草等）起固氮作用，能显著提高茶园的肥力，当种植的绿肥基本成熟时应将梗叶及时翻埋入土层中。

（2）投产茶园。选择不与茶树争水争肥的深根性伞状型树木，如桂花、木槿等，套种时应根据茶园覆盖率和茶树长势确定树的品种及种植密度，控制遮阴率 20% ～ 30%。夏、冬季在茶树行间铺草，给天敌创造良好的栖息、繁殖场所。茶园周围可种植杉、棕、苦楝等防护林和行道树，空闲地上可种植除虫菊、黄花菜等。

2.生物防治技术

根据茶园病虫害发生种类和危害程度，实施以虫治虫、以螨治螨、以菌治虫、以菌治菌等生物防治技术。

（1）释放捕食螨、寄生蜂、瓢虫、草蛉、蜘蛛、螳螂等茶园害虫天敌寄生蜂、捕食螨等天敌，经室内人工大量饲养后释放到茶园，可控制相应的害虫（螨）。捕食螨如德氏钝绥螨可防治茶跗线螨，胡瓜钝绥螨可防治茶橙瘿螨；寄生蜂如赤眼蜂可用于防治茶小卷叶蛾，缨小蜂可防治茶假眼小绿叶蝉；瓢虫和草蛉可用于防治茶蚜虫。标准化茶园茶树病虫害绿色防控推荐产品见表4-1。

表4-1　标准化茶园茶树病虫害绿色防控推荐产品

绿色防控产品分类	产品名称	防治对象
物理防治产品	太阳能频振式杀虫灯（茶叶专用）	茶毛虫、茶毒蛾、茶小卷叶蛾、茶细蛾、茶假眼小绿叶蝉、蜡象等
物理防治产品	诱虫色板	茶假眼小绿叶蝉、茶黑刺粉虱、茶蓟马、茶蚜等
物理防治产品	多功能房屋型害虫诱捕器	茶毛虫、茶尺蠖、茶细蛾、茶小卷叶蛾、茶毒蛾、茶假眼小绿叶蝉、茶黑刺粉虱、茶蓟马等
性信息素诱控产品	害虫性信息素	茶假眼小绿叶蝉、茶毛虫等
生物防治产品	缨小蜂	茶假眼小绿叶蝉等
生物防治产品	草蛉	茶橙瘿螨、茶黑刺粉虱、茶尺蠖等
生物防治产品	捕食螨	茶橙瘿螨等
生物防治产品	瓢虫	茶蚜等

（2）应用植物源和微生物源制剂控制茶园病虫害。可选用苦参碱、印楝素、藜芦碱、苦皮藤素、除虫菊素、核型多角体病毒、球孢白僵菌、苏云金杆菌和韦伯虫唑菌等成熟产品及相应技术。

3. 物理防治技术

根据茶园害虫发生种类和危害程度采用以下技术。

（1）应用太阳能频振式杀虫灯诱杀茶毛虫、茶尺蠖、茶毒蛾、茶细蛾和茶小卷叶蛾等鳞翅目害虫成虫。技术要点：根据茶园土地平整度及茶园害虫数量，控制在 30～50 hm^2，安装一盏诱虫灯（图4-9）。

图 4-9　标准化茶园绿色防控（一）

（2）应用诱虫色板诱控技术诱杀茶园害虫，利用茶树害虫对颜色的偏嗜性原理，采用诱虫黄板控制茶假眼小绿叶蝉、茶黑刺粉虱等害虫，采用诱虫蓝板控制茶蓟马。技术要点：每公顷地安装诱虫色板 20 余张，安放时间在夏秋茶采茶期。

（3）应用多功能房屋型害虫诱捕器诱控茶园茶毛虫、茶尺蠖、茶毒蛾、茶细蛾、茶小卷叶蛾、茶假眼小绿叶蝉、茶黑刺粉虱和茶蓟马等鳞翅目、同翅目和鞘翅目害虫（图4-10）。利用茶园害虫本身的生物习性，集成色诱、性诱、饵诱技术于一体，三种技术的集成可提升诱集效果，通过多次更换色板、诱芯、饵料达到持续诱捕多种害虫的作用，实现绿色防控的目的。技术要点：安装数量 10 个/667 m^2；安装高度为诱捕器下缘高出茶蓬平面 20 cm。诱虫色板视表面黏虫的数量及黏性程度，将色板内侧面置换到外侧面；害虫饵料可每隔 15 天左右更换一次；性诱剂诱芯悬挂距离离药液 2 cm 左右，每隔 30 天左右更换一次（图 4-11）。

图 4-10 标准化茶园绿色防控（二）

图 4-11 标准化茶园绿色防控（三）

（4）性信息素诱控技术。利用昆虫的性信息素或行为干扰物质控制茶假眼小绿叶蝉、茶黑刺粉虱和茶尺蠖等主要害虫。

4.化学农药与生物农药防治技术

（1）根据病虫害发生情况，掌握关键时期防治和农药安全间隔期，科学合理使用农药，见表 4-2 所列。

（2）采用高效施药技术，可采用静电喷雾器进行叶面喷雾防治，施药量为传统施药剂量的 1/2 ～ 1/3，每公顷用水量为 7.5 kg。

表 4-2　标准化茶园病虫害绿色防控推荐药剂

农药分类	农药名称	农药登记证号	含　　量	剂型	防治对象	使用方法	安全间隔期（d）
杀虫剂	茶核·苏云菌	PD20086035	1 千万 PIB/mL，2000 IU/μL	悬浮剂	茶尺蠖	叶面喷雾	5 ～ 7
		PD20097569	1 千万 PIB/mL，2000 IU/μL	悬浮剂	茶尺蠖	叶面喷雾	
杀虫剂	矿物油	PD20095615	99%	乳油	茶橙瘿螨	叶面喷雾	0
杀虫剂	球孢白僵菌	PD20102134	400 亿个孢子 /g	可湿性粉剂	茶假眼小绿叶蝉	叶面喷雾	3 ～ 5
杀虫剂	苏云金杆菌	PD20096222	16000 IU/μg	可湿性粉剂	茶毛虫	叶面喷雾	3 ～ 5
		PD20085347	8000 IU/μg	悬浮剂	茶毛虫	叶面喷雾	
杀虫剂	苦参碱	PD20101283	0.5%	水剂	茶尺蠖	叶面喷雾	3
杀虫剂	印楝素	PD20101580	0.3%	乳油	茶毛虫	叶面喷雾	7
杀虫剂	苦皮藤素	PD20132487	1%	水乳剂	茶尺蠖	叶面喷雾	7
杀虫剂	藜芦碱	PD20130817	0.5%	可溶液剂	茶黄螨、茶橙瘿螨	叶面喷雾	7
		PD20102081					
杀虫剂	除虫脲	PD20094750	20%	悬浮剂	茶尺蠖	叶面喷雾	5

续表

农药分类	农药名称	农药登记证号	含　　量	剂型	防治对象	使用方法	安全间隔期（d）
杀虫剂	虫螨腈	PD20130533	240 g/L	悬浮剂	茶假眼小绿叶蝉	叶面喷雾	14
杀虫剂	丁醚脲	PD20120246	500 g/L	悬浮剂	茶假眼小绿叶蝉	叶面喷雾	7
杀虫剂	茚虫威	PD20101870	150 g/L	乳油	茶假眼小绿叶蝉	叶面喷雾	10～14
杀菌剂	吡唑醚菌酯	PD20080464	250 g/L	乳油	茶炭疽病	叶面喷雾	21
杀菌剂	多抗霉素	PD85163	3%	可湿性粉剂	茶饼病	叶面喷雾	7
植物生长调节剂	赤·吲乙·芸苔	PD20096813	赤霉酸 0.135、吲哚乙酸 0.00052，芸苔素内酯 0.00031	可湿性粉剂	提升茶树抗逆性，调节生长	叶面喷雾	5～7

第五章 梵净山茶标准化加工技术

第一节 标准化厂房建设

一、加工场地要求

1. 加工厂选址

茶叶加工厂是茶叶生产、加工和经营活动的重要场所，位置的选择及其环境非常重要。一般茶园选择相对集中，交通、供电、供水方便，地势较高的位置较为合适。茶叶加工厂选址一般应满足六个基本条件。一是加工厂与茶园的距离适当。因为茶叶生产季节性强，为便于鲜叶及时运送进厂或集中加工付制，加工厂基本上都建于茶园中心地带或茶园附近，保证鲜叶能在新鲜状态下及时运送进厂，确保鲜叶鲜活度，不受二次污染。二是加工厂修建于交通便利的道路附近，确保生产物资、加工原材料及燃料的运进、运出，有利于人员的来往，降低生产成本，提高生产效率和经济效益。三是加工厂附近有方便的供电设施，以有利供电并减少建厂投资。四是加工厂附近有干净、卫生的水源，保证采摘人员和加工人员的生活用水及茶叶生产的正常进行。五是加工厂的地势较高，保证加工厂厂房的干燥。六是加工厂远离污染源，与交通主干道有一定的安全距离。

2. 加工厂规划

茶叶加工厂的规模要根据茶园面积的大小或鲜叶的来源量及生产能力来确定。

生态效益良好、功能较齐全的加工厂应由加工区、办公区、生活区组成。并且加工区应与办公区、生活区隔离，无关人员不能进入加工区；加工区厂房要按加工工艺进行合理布局，厂区要宽阔、平坦，有良好的排水系统；道路必须硬化，设置要合理，要有利于物资的运输；厂区空地应进行绿化和美化。

加工区包括贮青间、初制车间、精制车间、包装车间、毛茶仓库、成品茶库房等。加工区通常根据所要加工的茶类、生产规模和投资额度进行规划。

茶叶是季节性产品，生产季节性强，尤其是春夏季节，鲜叶高峰期会如期出现。合理计算茶叶初制厂日加工量，直接关系到茶厂设计规划、年加工能力和投资建厂的成功。

茶叶加工厂投资能力的大小由现代化水平的高低决定。茶叶加工厂可以设计成半机械化、机械化、连续化几种形式。

加工区包括各功能车间、仓库、冷冻室、审评室、检验室。各功能布局要合理，检验室、审评室要相邻，审评室最好是朝北向，贮青间与初制车间应相距不远，通道要宽敞。

3.加工厂环境

（1）厂房建环境。加工车间建筑要牢固、空气流通、采光良好，必须有与加工产品品种、数量相适应的厂房，面积应达到设备所占面积的8倍以上。加工车间与贮藏室要求地面硬化、光洁。茶厂周围要有排水沟，排水口要有防护网，防止虫、鼠、蛇等进入车间，厂房车间高度一般在4 m以上，墙面白色，最好采用瓷砖贴面。

（2）茶叶厂区卫生环境。茶叶加工属于食品加工范畴，对厂区的环境卫生有严格的要求。厂区内外要整洁、卫生、无臭气、无异味。防止有害微生物的污染，主要是注意茶叶加工过程中的卫生。杜绝有传染疾病和皮肤病的人员从事茶叶加工、茶叶包装和茶叶销售。

茶叶车间外面要配备洗手池、更衣间，配备足够的工作服、工作鞋，进入加工厂要洗手、更换工作服和工作鞋，避免将异地细菌带入加工车间，保证加工车间不被有害细菌污染。

二、加工设备要求与配备

1. 加工设备要求

车间内（图5-1）的加工设备宜使用不锈钢材料，直接接触茶叶的设备和用具应用无毒、无异味、不污染茶叶的材料制成。每次交接班前应清洁加工设备、清洁地面及环境卫生。定期润滑零部件，对加工设备进行清洁、除锈和保养。另外，茶叶加工设备的选择要根据加工厂所生产的茶叶类别、加工工艺及生产能力进行选型配套，达到设备配置最合理、使用效率最高、茶厂经济效益最好的目的。

图5-1 标准化茶叶加工车间

2. 加工设备配备

各类茶加工工艺不同，外形、内质也各不相同。所以要选择配套的加工设备就不尽相同。茶叶加工设备的选择与配套，要根据加工厂所生产的茶叶类别、加工工艺及生产能力进行选型配套，达到设备配置最合理、使用效率最高、茶厂经济效益最好的目的。

以最高日产量来确定加工设备的配置数量。以全年茶总产量的 3%～5% 来计算（大叶种比例略小，中小叶种略大）；也可用春茶产量的 8%～10% 来计算，还可以直接用春茶高峰期的日期的日平均产量为最高日产量。在确定了高峰日产量后，根据茶叶加工机械的台时产量来计算所需的台数，通常高峰期加工机械每天工作 20 h，所需的茶机数量为可根据茶叶加工机械的台时产量计算出所需茶叶加工机械台数，如茶机台数＝茶机最高日产量 ÷（茶机台时产量 ×20），得到的数取整数位。（台时产量可由制茶机械产品说明书查知）

加工设备有通用设备和专用设备之分。通用设备如干燥设备是六大茶类都要选择的。杀青设备、做形设备是绿茶、黄茶、黑茶、青茶类都要选择的。专用设备如发酵设备、揉切设备是红茶类专用。所以要选择合理的茶机设备配置，不仅要明确茶叶加工厂所要生产的是哪一类茶或哪几类茶，还要根据每类茶全年的生产量大小来进行确定。然而，每一类茶有很多花色品种，如绿茶类，根据其形状可分为扁型、卷曲型、条型、珠型、片型、球型等，不同外形的绿茶加工设备略有不同。

绿茶类都需要杀青设备和干燥设备，杀青设备有很多种，干燥设备也很多种。按杀青作业方式的不同，杀青设备可为分锅式、槽式、筒式、送带式等，按杀青热源的不同，杀青设备又可分为电式、煤式、热风式、红外线式、微波式等。干燥设备按干燥方式不同，可分为烘干式设备和炒干式设备两大类。做形设备主要有揉捻机，从小到大设备，另外还有特殊做型设备，如压扁做形机、理条机、曲毫机等。

第二节 标准化茶青采摘

采茶人员采茶前须洗净双手，保持衣冠整洁；采摘茶青时，采摘人员须按茶青等级要求进行采摘，保持茶青鲜叶新鲜、匀净和完整，严禁将茶籽、茶花以及其他非茶类物质等带入鲜叶中；盛装茶青鲜叶的器具应保持干净、透气，提倡使用竹制或藤制的竹筐、竹篓等器具盛装，禁止使用塑料盆、塑料袋等不透气、不符合清洁化生产要求的器具盛装茶青；茶青鲜叶在盛装及运输中应轻放、轻压，避免机械损伤，运输过程中不得日晒雨淋，不得与有异味、有毒的物品一起混运；茶青鲜叶采摘后及时运输至茶叶加工厂，均匀薄摊于茶青摊青间内，严禁堆积。

梵净山绿茶、梵净山红茶各级别茶青采摘等级标准及质量要求如下。

一、梵净山名优绿茶茶青等级标准及质量要求

1. 梵净山针形绿茶茶青等级标准及质量要求（表 5-1）

表 5-1 梵净山针形绿茶茶青等级标准及质量要求

等　级	要　求
特级	单芽至一芽一叶初展、匀齐，新鲜有活力，无机械损伤，无夹杂物
一级	一芽一叶全展，较匀齐、鲜活，无机械损伤和劣变芽叶，无夹杂物
二级	一芽二叶初展，尚匀齐、新鲜，无劣变芽叶，茶类夹杂物≤3%，无非茶类夹杂物
三级	一芽二叶全展，尚匀齐、新鲜，无劣变芽叶，茶类夹杂物≤5%，无非茶类夹杂物

2. 梵净山卷曲形绿茶茶青等级标准及质量要求（表 5-2）

表 5-2 梵净山卷曲形绿茶茶青等级标准及质量要求

等　级	要　求
特级	一芽一叶初展，匀齐、新鲜、有活力，无机械损伤，无夹杂物
一级	一芽一叶全展，较匀齐、鲜活，无机械损伤和劣变芽叶，无夹杂物
二级	一芽二叶，尚匀齐、新鲜，无劣变芽叶，茶类夹杂物≤3%，无非茶类夹杂物
三级	一芽三叶及同等嫩度对夹叶，尚匀齐、新鲜，无劣变芽叶，茶类夹杂物≤5%，无非茶类夹杂物

3. 梵净山颗粒形绿茶茶青等级标准及质量要求（表 5-3）

表 5-3　梵净山颗粒形绿茶茶青等级标准及质量要求

等　级	要　　求
特级	一芽二叶初展，叶质柔软，均匀鲜活，无夹杂物
一级	一芽二叶全展，单片叶及对夹叶≤5%，尚匀，鲜活，无夹杂物
二级	一芽二叶、三叶全展，单片叶及同等嫩度对夹叶≤10%，尚匀，新鲜，茶类夹杂物≤3%，无非茶类夹杂物
三级	一芽二叶、三叶全展，单片叶及同等嫩度对夹叶≤15%，欠匀，尚新鲜，茶类夹杂物≤5%，无非茶类夹杂物

4. 梵净山扁形绿茶茶青等级标准及质量要求（表 5-4）

表 5-4　梵净山扁形绿茶茶青等级标准及质量要求

等　级	要　　求
特级	单芽为主，一芽一叶初展不超过30%，鲜叶匀齐新鲜有活力，无机械损伤，无夹杂物
一级	一芽一叶初展为主，一芽一叶开展不超过10%，较匀齐、鲜活，无机械损伤和劣变叶，无夹杂物
二级	一芽一叶为主，一芽二叶初展不超过10%，尚匀齐、新鲜，无劣变芽叶，无非茶类夹杂物
三级	一芽一叶为主，一芽二叶初展不超过30%，尚匀齐、新鲜，无劣变芽叶，茶类夹杂物≤5%，无非茶类夹杂物

二、梵净山大宗绿茶茶青等级标准及质量要求

梵净山大宗绿茶茶青等级标准及质量要求如表 5-5 所示。

表 5-5　梵净山大宗绿茶茶青等级标准及质量要求

等　级	要　　求
特级	一芽二叶为主，同等嫩度的对夹叶和单叶不超过10%
一级	一芽二叶为主，同等嫩度的一芽三叶、对夹叶和单片叶不超过30%
二级	一芽三叶为主，同等嫩度的对夹叶和单片叶不超过10%
三级	一芽三叶为主，同等嫩度的对夹叶和单片叶不超过30%

三、梵净山红茶茶青等级标准及质量要求

1. 梵净山工夫红茶茶青等级标准及质量要求（表 5-6）

表 5-6　梵净山工夫红茶茶青等级标准及质量要求

等　级	要　　求
特级	单芽至一芽一叶初展，匀齐、新鲜，有活力，无机械损伤，无夹杂物
一级	一芽一叶全展，尚匀齐、鲜活，无机械损伤和红变芽叶，无夹杂物

等级	要 求
二级	一芽二叶，尚匀齐、新鲜，无红变芽叶，茶类夹杂物≤3%，无非茶类夹杂物
三级	一芽三叶，欠匀齐、新鲜，无红变芽叶，茶类夹杂物≤5%，无非茶类夹杂物

2. 梵净山红碎茶茶青等级标准及质量要求（表5-7）

表5-7　梵净山红碎茶茶青等级标准及质量要求

等级	要 求
特级	一芽二叶占80%，一芽三叶占20%，单片叶≤8%，叶质柔软，均匀、鲜活，无机械损伤和红变芽叶，茶类夹杂物≤1%，无非茶类夹杂物
一级	一芽二叶占65%，一芽三叶占30%，同等嫩度对夹叶及单片叶5%，尚匀、鲜活，机械损伤叶≤3%，无红变芽叶，茶类夹杂物≤3%，无非茶类夹杂物
二级	一芽二叶，对夹叶及单片叶≤15%，尚匀、新鲜，机械损伤芽叶≤5%，无红变芽叶，茶类夹杂物≤5%，无非茶类夹杂物
三级	一芽二叶占45%，一芽三叶占45%，同等嫩度对夹叶及单片叶≤10%，欠匀、尚新鲜，机械损伤芽叶≤7%，无红变芽叶，茶类夹杂物≤7%，无非茶类夹杂物

第三节　绿茶标准化加工

一、梵净山名优绿茶标准化加工

（一）梵净山扁形名优绿茶加工技术

1. 扁形名优绿茶加工工艺流程

摊青—杀青—理条做形—脱毫—筛分—提香（图5-2）。

图5-2　名优绿茶标准化加工杀青工艺

2.加工技术

（1）摊青。鲜叶进厂后应摊放在茶叶专用摊青槽或竹匾上，按采摘时间，雨水叶、露水叶，分级摊放，摊青室要求清洁干净，通风透气，无阳光直射。摊放厚度3～5 cm，厚薄均匀，中途应每隔1～2 h轻翻一次，避免芽叶损伤红变，摊青室应用开关窗户来调节空气流通，防止风吹使茶叶失水过快变红。摊放时间一般在6～12 h，叶色由鲜绿转为暗绿，叶质变软，青气消失即可。

（2）杀青。杀青温度为220～310℃，时间为2～4 min，杀青叶要及时吹冷风摊凉回潮20 min。杀青程度：杀青叶要求叶缘稍有干焦现象，青草气消失，芳香味显露，失水率20%左右。

（3）理条做形（图5-3）。理条温度120～160℃。投叶量以理条机往复速度茶叶不抛出槽外为宜。当茶叶温度上升感觉烫手时应开启吹风排湿。防止茶叶在里面焖黄。当茶坯失水率在80%左右，即放入理条专用加压棒加压3～5 min。茶叶基本压扁即放出茶坯，进行摊凉回潮。

图5-3 名优绿茶标准化加工理条工艺

（4）脱毫。当理条做形叶片摊凉回软后，即可进入滚筒炒干机滚炒脱毫。筒体温度掌握到 60 ～ 80℃。叶温 40 ～ 45℃，投叶量以不溢出滚筒口为宜。当茶叶白毫脱落，表面光滑泛润，即出锅摊凉。

（5）筛分。脱毫的茶坯冷却后，即采用孔径 1.6 mm 的筛子隔除碎茶，簸出茶末、茶灰。

（6）提香。温度由 90℃ 逐渐升到 110℃ 左右，时间 20 ～ 30 min，水分含量 4% ～ 6%，当闻到干茶香气扑鼻即可出锅冷却装袋。

（二）梵净山卷曲形名优绿茶加工技术

1. 卷曲形名优绿茶加工工艺流程

摊青—杀青—摊凉—揉捻—解块—初烘—摊凉—做形—摊凉—搓团提毫—足干—摊凉—分级（图 5-4、图 5-5）。

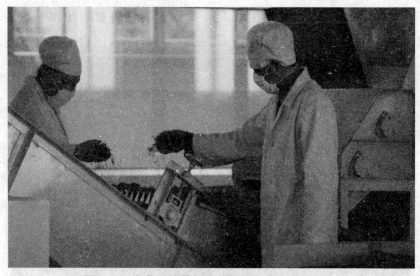

图 5-4　卷曲形绿茶标准化加工初烘工艺（一）

图 5-5　卷曲形绿茶标准化加工初烘工艺（二）

2. 加工技术

（1）摊青。鲜叶摊放于清洁卫生，设施完好的贮青间或贮青槽；摊叶厚度 2 ~ 5 cm，摊放时间 5 ~ 8 h；雨水叶、露水叶可用脱水机减少表面水后薄摊，通微风。摊放至芽叶萎软、色泽暗绿、略有清香为适宜。

（2）杀青。选用滚筒连续杀青机，开机空转预热 15 ~ 30 min，待筒内温度升至 140 ~ 160℃，感官温度用手背伸入进叶端口有灼手感时均匀投叶。要求投叶量稳定，火温均匀。杀青叶含水量 61% ~ 65%，叶色暗绿，叶质变软，手捏成团，稍有弹性，无生青、焦边、爆点，有清香为适度。

（3）摊凉。杀青叶均匀薄摊于干净的盛茶用具中，厚度为 2 ~ 3 cm，时间为 15 ~ 25 min。

（4）揉捻。选用揉捻机，装叶量以自然装满揉桶为宜，采用空揉5～7 min、轻揉5～8 min、空揉1～3 min 的揉捻方式。要求叶质变软，有黏手感，手握成团而不弹散，少量茶汁外溢，成条率80%以上。

（5）解块。选用茶叶解块机及时解散揉捻叶中的团块。

（6）初烘。选用碧螺春烘干机或链板烘干机，进风口温度90～110℃，叶色转暗，条索收紧，茶条略刺手为宜。

（7）摊凉。茶坯均匀摊放于干净的盛茶用具中，摊凉25～30 min。

（8）做形。选用曲毫机，温度为70～90℃，整形时间为40～50 min，前30 min用大幅，后10～20 min调到小幅；茶条卷曲，毫毛较显，略有刺手感时为适宜。

（9）摊凉。做形叶均匀薄摊于干净的盛茶用具中，摊凉15～25 min，用10目筛割碎末。

（10）搓团提毫。经摊凉的做形叶，投入五斗烘干机中，烘干机进口风温70～75℃，每斗投叶量1.0 kg，搓团力量稍轻，将适当数量茶团握于两手心，沿同一方向回搓茶团，反复数次至毫毛显露、茶条刺手为止。时间为10～15 min，九成干时下机。

（11）足干。选用烘干机，进口风温70～90℃，摊叶厚度为2～4 cm，时间8～10 min，手捻茶叶成粉末时为适宜。

（12）摊凉。足干后的茶坯均匀摊放于干净的盛茶用具中，摊凉20～25 min，茶坯完全冷却后进行分级归类。

（三）梵净山颗粒形名优绿茶加工技术

1.品质特征

梵净山颗粒型绿茶具有颗粒细紧匀整、绿润，香气浓香高长，汤色黄绿明亮，滋味鲜醇爽口，叶底芽叶匀整、嫩绿明亮、鲜活。

2. 加工工艺流程

摊青—杀青—摊凉—揉捻—解块—初烘—摊凉—做形—足干—摊凉—分级。

3. 加工技术

（1）摊青。茶青摊放于卫生清洁、设施完好的贮青间、贮青槽或篾质簸盘中，摊叶厚度 10 ～ 12 cm，摊放时间 6 ～ 8 h。雨水叶、露水叶可用脱水机减少表面水后薄摊，通微风。摊放至芽叶萎软、色泽暗绿、略显清香为适度。

（2）杀青。选用滚筒连续杀青机，开机空转 15 ～ 30 min 预热，待筒内空气温度升至 140 ～ 160℃，用手背伸入进叶端口有灼手感时均匀投叶。要求投叶量稳定，火温均匀。杀青叶叶色暗绿，叶质变软，手捏成团，稍有弹性，无生青、焦边、爆点，清香显露为适度。

（3）摊凉。杀青后及时摊凉，均匀薄摊于干净的盛茶用具中，摊放厚度 2 ～ 5 cm。时间 10 ～ 15 min。要求：杀青叶快速冷却至室温，无渥黄或红变现象，叶质柔软，光泽变暗，手握有湿感，不黏手。

（4）揉捻。选用揉捻机，转速 45 ～ 50 r/min，时间 15 ～ 20 min，全程不加压，待茶叶均匀成条无断碎时即可下机。

（5）解块。选用茶叶解块机解散揉捻叶中的团块。

（6）初烘。选用烘干机。温度 80 ～ 100℃，时间 10 ～ 15 min。要求烘匀、烘透，叶象由嫩绿转墨绿，手握不刺手。

（7）摊凉。初烘叶均匀薄摊于干净的盛茶用具中，摊放厚度 5 ～ 10 cm。时间 15 min ～ 25 min。

（8）做形。选用双锅曲毫炒干机，锅温 80 ～ 100℃，投叶量每锅 4 ～ 6 kg，温度先低后高，时间 40 ～ 45 min。茶叶初步成形后及时下锅摊凉，再两锅并一锅继续在曲毫机中造形，时间

50 ～ 60 min，温度 60 ～ 80℃。茶叶达到圆润、紧结、七八成干时下锅摊凉。

（9）足干。选用烘干机，要求烘匀、烘透、烘香、保绿。温度 60 ～ 100℃，时间 40 ～ 60 min，含水量在 6.5% ～ 7.5% 时下锅摊凉。

（10）摊凉。茶坯均匀薄摊于干净的盛茶用具中，摊放厚度 5 ～ 10 cm，时间 20 ～ 25 min，茶坯完全冷却后进行分级归类。

二、梵净山传统特色名优绿茶加工

梵净山传统特色名优绿茶主要是梵净山翠峰茶。

（一）梵净山翠峰茶品质特征

梵净山翠峰茶产于铜仁市印江县，产品原料采自梵净山周边区域 800 ～ 1 300 m 海拔高度的福鼎大白茶群体品系茶园，产品具有"色泽嫩绿鲜润，匀整，洁净；清香持久，栗香显露；鲜醇爽口；汤色嫩绿，清澈；芽叶完整细嫩，匀齐，嫩绿明亮"的特点。2005 年，梵净山翠峰茶获得国家工商总局认定为地理标志保护产品。

2. 梵净山翠峰茶原料要求

梵净山翠峰茶的原料要求为清明至谷雨前后的单芽、一芽一叶初展为主要原料，要求用提手采，用竹楼盛装，确保鲜叶入库新鲜无黑蒂、不受损伤、无杂物。

3. 梵净山翠峰茶工艺流程

鲜叶萎凋—杀青—冷却摊凉—理条—冷却摊凉—脱毫—理条做形—冷却摊凉—辉锅提香—冷却装袋（图 5-6、图 5-7）。

图 5-6　梵净山翠峰茶加工理条工序

图 5-7　印江梵净青公司梵净山翠峰茶自动化生产线

4. 梵净山翠峰茶加工技术

（1）鲜叶萎凋。

①萎凋时间：萎凋时间为 6 ～ 12 h；

②萎凋要求：萎凋时要轻拿轻放，用簸箕或竹席萎凋时摊凉厚度不超 1 cm，用摊青槽萎凋时摊凉厚度不超 8 cm；

③萎凋程度：鲜叶色泽变暗，清香显露，手捏茶青柔软感为宜。

（2）杀青。通常用 60 型电热滚筒杀青机，投叶温度为筒口温度在 180～220℃，手入筒口有明显刺手感，投叶量 60～100 kg/h，要求投匀，杀青时间 8～10 min，杀青程度以有轻微爆点，清香显露，手捏成团、松手易散开为宜。

（3）冷却摊凉。用冷却槽冷却 10～30 min 时间。

（4）理条。选用 12 槽多功能理条机，理条温度 110～120℃，投叶量 2～2.5 kg，理条时间 8～10 min，理条程度以茶叶稍有刺手感，茶毫显露透翠绿为宜。

（5）冷却摊凉。用冷却槽冷却 20～30 min 时间。

（6）脱毫。选用 12 槽多功能理条机，投叶量 4～5 kg，脱毫时间 30～50 min，脱毫程度以茶毫脱落，茶叶色泽翠绿为宜。

（7）理条做形。选用 18 槽多功能理条机，理条温度 100～110℃，投叶量 2～2.5 kg；理条时间 10～12 min，茶叶入锅 2～3 min 受热回软立即用加力棒加压 35～50 min，并调慢理条机速度，待茶叶达到扁、直后立即取出加力棒，并调回原来速度继续理条；理条程度以茶叶扁、平、直，色翠绿，手握干茶无湿润感为宜。

（8）冷却摊凉。用冷却槽冷却 60～100 min 时间。

（9）辉锅提香。选用 12 槽多功能理条机，理条温度 90～130℃，温度逐渐提高，投叶量 3～4 kg，理条时间 30～40 min，理条程度以茶叶手捏成粉末、抓在手中有滑落感、板栗香显露、色泽翠绿为宜。

（10）冷却装袋。辉锅提香下锅后立即将茶薄摊于地面，使茶叶冷匀、冷透，冷却 30～60 min 时间后装袋。

三、梵净山大宗绿茶加工

1. 品质特征

梵净山绿茶产品具有外形紧细卷曲、颜色乌绿油润、汤色绿黄尚亮、滋味醇厚回甘、栗香明显、叶底黄绿尚亮等特点。

2. 加工工艺流程

鲜叶萎凋—杀青—冷却摊凉—揉捻—毛火—冷却摊凉—二炒—冷却摊凉—三炒—冷却装袋（图 5-8）。

图 5-8 绿茶加工自动化生产线

（1）鲜叶萎凋。萎凋时间为 6 ～ 18 h，萎凋时要轻拿轻放，摊青槽萎凋时摊凉厚度不超 30 cm，萎凋程度以鲜叶色泽变暗、清香显露、手捏茶青柔软为宜。

（2）杀青。通常用 80 型、110 型滚筒杀青机，杀青温度 260 ～ 300℃，手入筒口有明显刺手感，投叶量 80 型杀青机投叶量为 200 ～ 300 kg/h，110 型杀青机投叶量为 300 ～ 400 kg/h，要求投匀，杀青时间8～10 min，杀青程度以手捏成团、松手易散开、清香显露、有轻微爆点为宜。

（3）冷却摊凉。将杀青叶薄摊于摊凉平台，使茶叶冷匀、冷透，冷却时间10～30 min。

（4）揉捻。选用55型揉捻机，投叶量30～40 kg，揉捻时，先空揉8～10 min，再逐渐从轻揉到重揉10～15 min，最后逐渐从重揉到轻揉到空揉8～10 min，揉捻程度以揉出茶汁，茶叶成条，断碎率较少为宜，茶叶下机后立即解块。

（5）毛火。选用120型瓶炒机，毛火温度120～140℃，茶入锅中3～5 min后，手握茶有烫手感觉为宜，当手握茶温度较高时开启排风扇2～3 min抽出水分，一直循环不断开启排风扇，投叶量40～50 kg，毛火时间20～30 min，火程度以色泽变为墨绿色，手捏茶成团、松手易散开为宜。

（6）冷却摊凉。毛火下锅后立即将茶薄摊于摊凉平台，使茶叶冷匀、冷透，冷却时间10～30 min。

（7）二炒。选用120型瓶炒机，二炒温度100～120℃，投叶量为40～50 kg，二炒时间为20～30 min，二炒程度以手握干茶无湿润感、卷曲成条、色乌绿为宜。

（8）冷却摊凉。二炒茶叶下锅后立即将茶薄摊于摊凉平台，使茶叶冷匀、冷透，冷却时间30～60 min。

（9）三炒。选用120型车色机，三炒温度100～140℃，投叶量60～80 kg，三炒时间60～90 min，三炒程度以手捏茶成粉末、茶条紧实卷曲、色乌绿油润、栗香明显为宜。

（10）冷却装袋。三炒茶叶下锅后立即将茶薄摊于摊凉平台，使茶叶冷匀、冷透，冷却时间30～60 min后装袋。

第四节　红茶标准化加工

红茶在铜仁的产量仅次于绿茶，排第二位，铜仁市 7 个茶叶主产县均生产红茶。

1. 红茶加工工艺流程

鲜叶萎凋—揉捻—解块—发酵—初烘—摊凉—分级—复烘。

2. 红茶加工技术

（1）鲜叶萎凋。萎凋分萎凋槽（室）萎凋和自然萎凋。春季阴雨低温天气，将鲜叶摊在萎凋槽（室）用增温、送风的方式进行萎凋；夏秋季以室内自然萎凋为主，阳光萎凋为辅，阳光萎凋应避开中午高温时段。嫩叶、雨水叶和露水叶薄摊，老叶厚摊，厚度一般在 15～20 cm（全芽以 5～10 cm 为宜）；前两小时每隔 30 min 翻一次，后面每隔 1 h 翻一次，温度以 28～32℃ 为宜，湿度以 65%～75% 为宜。槽体前后温度相对一致，先大后小；时间为 8～12 h；含水率 60%～65% 为宜，叶面失去光泽，叶色暗绿，青草气减退；叶形皱缩，叶质柔软，紧握成团，松手可缓慢松散即可；室内自然萎凋摊叶厚度 3～10 cm，嫩叶、雨水叶和露水叶薄摊，老叶厚摊，厚薄一致；萎凋室温度 20～24℃，相对湿度 60%～70%，每隔 2 小时翻抖一次；时间为 12～16 h；程度同萎凋槽萎凋方式一致。宜采取鲜叶先薄摊 3～5 cm 用日光萎凋时间 20～30 min，叶表面水分散失为宜，中途轻翻一次。

（2）揉捻。根据鲜叶嫩度，揉捻叶紧卷成条，有少量茶汁溢出为适度。揉茶条索不够紧结的可进行复揉。揉捻鲜叶细胞破损率达 80% 以上。

（3）解块。用解块机或手工解散结块茶。

（4）发酵。发酵室温度 26～28℃，叶温不超过 32℃ 为宜。发酵盘装叶 8 ～ 12 cm，厚薄均匀。发酵室相对湿度 90% ～ 95%，保持空气流通。时间为 3 ～ 5 h 程度掌握在青草气消失，达到 3 ～ 4 级叶象，出现花果香味、叶色黄红为宜。

（5）初烘。用烘干机进行毛火和足火干燥。毛火干燥温度 100 ～ 130℃，时间为 10 ～ 15 min，毛火茶坯含水量控制在 18% ～ 20%，及时摊凉 30 ～ 60 min。足火干燥温度 90 ～ 110℃，时间为 30 ～ 60 min，足火茶坯含水量控制在 8%，用手指捏茶条有刺手感或易碎为适度。

（6）摊凉。将已经干燥的半成品放在常温环境下摊放 7 h 左右，让其水分重新分布。

（7）分级。将摊放后的半成品进行隔末，人工拣除杂质、杂物、杂色黄片及茶梗后进行分级匀堆拼配。

（8）复烘将拼配后的各级茶坯进行复烘，复烘的温度掌握在 60 ～ 90℃，采取先低后高或根据茶叶香气变化情况，确定复烘次数和温度高低程度，直至甜香或花果香呈现即可。

第五节　白茶标准化加工

白茶，多白毫而得名，是中国六大茶系之一，不仅源于它口感清纯甘甜，还因为制作工艺非常简单，只需日晒或室内萎凋后，烘焙干燥即可。白茶成茶一般满披白毫、汤色清淡、味鲜醇、有毫香。最主要的特点是白色银毫，素有"绿妆素裹"之美感，芽头肥壮，汤色黄亮，滋味鲜醇，叶底嫩匀。冲泡后品尝，滋味鲜醇可口，还能起药理作用。白茶性清凉，具有退热降火之功效。

1.白茶加工工艺流程

鲜叶萎凋→干燥。

2. 白茶加工技术

（1）采摘。白茶根据气温采摘玉白色一芽一叶初展鲜叶，做到早采、嫩采、勤采、净采。芽叶成朵，大小均匀，留柄要短，轻采轻放。竹篓盛装、竹筐贮运。

（2）萎凋。采摘鲜叶用竹匾及时摊放，厚度均匀，不可翻动。摊青后，根据气候条件和鲜叶等级，灵活选用室内自然萎凋、复式萎凋或加温萎凋。当茶叶达七八成干时，室内自然萎凋和复式萎凋都需进行并筛。

（3）烘干。初烘：烘干机温度100～120℃，时间：10 min；摊凉：15 min。复烘：温度80～90℃；低温长烘70℃左右。

（4）保存。茶叶干茶含水分控制在5%以内，放入冰库，温度1～5℃。冰库取出的茶叶3 h后打开，进行包装。

3. 白茶制作要点

采用单芽为原料按白茶加工工艺加工而成的，称之为银针白毫；白茶一般多采摘自福鼎大白茶、政和大白茶及福安大白茶等茶树品种的一芽一、二叶，按白茶加工工艺加工制作而成的为白牡丹或新白茶。

采用菜茶的一芽一、二叶，加工而成的为贡眉；采用抽针后的鲜叶制成的白茶称寿眉。白茶的制作工艺一般分为萎凋和干燥两道工序，而其关键在于萎凋。萎凋分为室内自然萎凋、复式萎凋和加温萎凋。要根据气候灵活掌握，以春秋晴天或夏季不闷热的晴朗天气，采取室内萎凋或复式萎凋为佳。其精制工艺是在剔除梗、片、蜡叶、红张、暗张之后，以文火进行烘焙至足干，只宜以火香衬托茶香，待水分含量为4%～5%时，趁热装箱。白茶制法的特点是既不破坏酶的活性，又不促进氧化作用，且保持毫香显现，汤味鲜爽。

第六节　黑茶标准化加工

　　黑茶在铜仁的产量不多，铜仁市 7 个茶叶主产县中只有松桃县、石阡县、沿河县等生产黑茶，其中，松桃县生产加工黑茶的时间相对较长，技术也较成熟。松桃县生产的成品黑茶为"三尖"和"三砖"，即天尖、贡尖、生尖，茯砖、黑砖、花砖。"三尖"的加工工艺：将黑毛茶通过筛分—匀堆—压制（压制程序是称茶、汽蒸、装篓、紧压、捆包、打气针、晾干）3 道工序而成。"三尖"的原料要求："天尖"以一级黑毛茶为主拼原料；"贡尖"以二级黑毛茶为主；"生尖"用的毛茶较为粗老，大多为片状，含梗较多。

　　"三尖"的品质特征："天尖"外形条索紧结，较圆直，嫩度较好，色泽黑润，香气纯和，汤色橙黄，滋味醇厚，叶底黄褐尚嫩；"贡尖"外形条索粗壮，色泽黑带褐，香气纯正带松烟香，滋味醇和，汤色稍橙黄，叶底黄褐带暗；"生尖"外形粗老，折片多于条索，色泽黑褐，较花杂，香气平淡，稍带焦香，滋味尚浓微涩，汤色暗褐，叶底黑褐。

　　"三砖"的加工工艺（这里主要介绍"黑砖"）："茯砖"的加工工艺与"黑砖""花砖"稍有一些不同，因为砖形的厚度上，"茯砖"特有的发酵工序，则要求砖体松紧适度，便于微生物的繁殖活动。砖从砖模退出后，不直接送进烘房烘干，而是为促使"发花"，烘干的速度不要求快干，整个烘期比"黑砖""花砖"长一倍以上，以求缓慢"发花"，要求砖内金黄色霉菌（俗称"金花"）颗粒大，干嗅有黄花清香；"三砖"的压制工艺是称茶、蒸茶、预压、压制、冷却、退砖、修砖、检砖、烘干。

　　1. 黑茶加工工艺

　　黑茶初加工工艺流程为：杀青—初揉—渥堆—复揉—干燥。

2. 黑茶加工技术

（1）杀青。杀青分手工杀青和机械杀青。手工杀青：选用大口径锅、炒锅叙嵌入灶中呈30°左右的倾斜面，灶高70～100 cm。备好草把和油桐树枝丫制成的三叉状炒茶叉。一般采用高温快炒，锅温280～320℃，每锅投叶量4～5 kg。鲜叶下锅后，立即以双手匀翻快炒，至烫手时改用炒茶叉抖抄。当出现水蒸气时，则以历手持叉，左手握草把，将炒叶转滚闷炒，称为"渥叉"。亮叉与渥叉交替进行，历时2 min左右。待黑茶茶叶软绵且带黏性，色转暗绿，无光泽，青草气消除，香气显出，粗梗不易断，且均匀一致，即为杀青适度。机械杀青：当锅温达到杀青要求，即投入鲜叶8～10 kg，依鲜叶的老嫩，水分含量的多少，调节锅温进行闷炒或抖炒，待杀青适度即可出机。

（2）初揉。黑茶原料粗老，揉捻要掌握轻压、短时、慢揉的原则。初揉中揉捻机转速以40r/min左右，揉捻时间15 min左右为好。待黑茶嫩叶成条，粗老叶皱叠时即可。

（3）渥堆。渥堆是形成黑茶色香味的关键性工序。黑茶渥堆应有适宜的条件，黑茶渥堆要在背窗、洁净的地面，避免阳光直射，室温在25℃以上，相对温度保持在85%左右。初揉后的茶坯，不经解块立即堆积起来，堆高1 m左右，上面加盖湿布、蓑衣等物，以保湿保温。渥堆过程中要进行一次翻堆，以利渥均匀。堆积24 h左右时，茶坯表面出现水珠，叶色由暗绿色变为黄褐，带有酒糟气或酸辣气味，手伸入茶堆感觉发热，茶团黏性变小，一打即散，即为渥堆适度。

（4）复揉。将渥堆适度的黑茶茶坯解块后，上机复揉，压力较初揉稍小，时间一般为6～8 min。下机解决，及时干燥。

（5）干燥。干燥又称烘焙，是黑茶初制中最后一道工序。通过干燥形成黑茶特有的品质，即油黑色和松烟香味。干燥方法有自然晾置，传统松柴旺火烘焙和机械干燥。

第七节　抹茶标准化加工

一、鲜叶原料及贮运要求

1.鲜叶原料要求

一芽 3～5 叶或同等嫩度的开面叶，叶片柔软，色泽深绿，嫩度基本一致，避免老梗、老片，长度基本一致，颜色均匀，同批加工的茶树品种相同，无病虫叶，无非茶类夹杂物，茶青深绿鲜活，无红梗红叶。

2.贮运要求

鲜叶采摘后及时运到加工厂，并注意保质保鲜，合理贮存，运输时，应选用清洁、透气良好的容器进行盛装，不得紧压，防止发热红变，运输工具应清洁卫生，运输时避免日晒雨淋，不得与有异味、有毒有害物品混装。

二、抹茶标准化加工技术

（一）加工场所要求

应符合 GH/T 1077 的规定，实行全程不落地、清洁化生产，生产过程卫生应符合 GB 14881 的规定。

（二）加工流程及加工设备

抹茶属于精加工产品，是用碾茶为原材料加工而成，其加工工艺包括初加工和精加工工艺。其初加工工艺流程为：摊青—切割—杀青—冷却—初烘—梗叶分离—复烘—茎叶分离—碾茶；精加工工艺流程为：碾茶—精制—研磨—成品入库。

初加工环节采用的加工设备主要有摊青槽、输送带、切叶机、蒸汽茶青机、冷却机、碾茶炉、梗叶分离机、茎叶分离机、风选机、烘干机，精加工环节采用的加工设备主要有球磨机、石磨、气流磨等研磨设备及振动筛等。

（三）加工技术

1. 初制技术

（1）摊青。茶青摊放于清洁卫生的摊青槽中，不同品种、不同嫩度的茶青分开摊放。露水叶、晴天叶分开管理、加工。鲜叶摊放厚度不超过 90 cm，鲜叶摊放过程中应保持鲜叶新鲜度，防止发热红变。

（2）切割。摊青适度的鲜叶经输送带进入切叶机，切割成长短均匀的片状。

（3）杀青。用蒸汽杀青机，按鲜叶等级调整蒸汽温度、蒸汽流量、青叶流量、蒸机筒转速、搅拌轴转速、杀青时间等参数，蒸汽温度 90～100℃，蒸汽流量 100～160 kg/h，青叶流量 90～120 kg/h，蒸机筒转速 30～50 r/min，搅拌轴转速 300～600 r/min，杀青时间 8～10 s。杀青程度以杀透杀匀、青草气消失、海苔香显露为适度。

（4）冷却。杀青叶通过风机吹上空中，在 8～10 m 的冷却网中升降多次，快速冷却除湿。冷却时间 5～10 min，冷却程度以茶梗与叶片中的水分重新分布，手捏茶叶柔软，表面无水渍为适度。

（5）初烘。初烘在碾茶炉内进行，将冷却后的茶叶通过输送带传输至碾茶炉不锈钢网带上进行烘烤，茶叶厚度 20～25 mm，以风送换层的方式进行，初烘需经 4 段共历时 20～25 min 完成，第一段参考温度 160～180℃，第二段参考温度 100～120℃，第三段参考温度 80～100℃，第四段参考温度 60～80℃。初烘控制茶叶水分在 10% 左右。

（6）梗叶分离。使用梗叶分离机，根据分离状态调整风力，分出叶片和茶梗，同时去除杂质。

（7）复烘。复烘在烘干机内进行，烘干机温度 70～90℃，时间为 15～25 min，复烘控制水分降低到 6% 以下。

（8）茎叶分离。使用茎叶分离机，通过螺旋刀和风选装置分离茎叶，剔除茶叶中的叶脉、黄片和杂质。

2. 精制技术

（1）筛分。将梵净碾茶通过 4～10 目孔径的筛子，同时分离叶梗、叶脉、粗叶片及其他杂质。

（2）风选。利用风力，将茶叶与茶梗、叶脉、粗老叶等分开。

（3）匀堆。按品质相近原则，将不同批号品质的碾茶混合均匀。

（4）研磨。研磨可采用球磨、连续式球磨、石磨和气流磨等方式进行。①球磨：每次投入碾茶 20～25 kg，转动时间 20～22 h，室内温度在 20℃ 以下，相对湿度 50% 以下；②连续式球磨：连续进出料，进料到出料时间 13～16 min，生产量 15～20 kg/h，室内温度 20℃ 以下，相对湿度 50% 以下；③石磨：连续投料和出料，每台电动石磨机投叶量 45～50 g/h；④气流磨：连续进出料，进料到出料时间为 1.5～2 min，投叶量 50～150 kg/h。

（5）成品入库。将研磨好的抹茶装入铝箔袋，进行装箱打包入库。

第六章　梵净山茶标准化检测与包装

第一节　标准化检测检验

一、茶叶检测检验意义

国家标准《质量管理和质量保证术语》（GB/T 6583—1994 ISO 8402:1994）对"检验"有明确的定义，是对实体的一个或多个特性进行诸如测量、检查、试验或度量并将结果与规定要求进行比较以确定每项特性合格情况所进行的活动。而茶叶的检测检验就是对茶叶鲜叶，茶叶在制品、毛茶、成品茶的一个或多个项目按检验操作规程进行检测，并把检测结果与规定要求做比较，判定其好坏或合格与否的活动。由此可见，茶叶检测检验具有较多重要意义，其包括以下几个方面。

（1）茶叶检验是茶叶产品进入市场的前置条件和必要条件，属于国家法律法规的强制要求。

（2）茶叶检验是企业指导生产、提高产品品质、降低生产成本、提高经济效益的重要措施。

（3）茶叶检验是企业把好产品出厂检验关，确保产品质量安全，维护企业、产品、品牌信誉，减少或避免法律纠纷及经济赔偿的重要保障。

（4）茶叶检验是企业打造茶叶品牌、企业品牌的必然选择。

二、茶叶检测检验内容

茶叶检测检验的主要内容有感官指标检验和理化指标检测两大部分。

1.感官指标检验

茶叶感官指标检验是指依靠检验人员的感觉器官所进行的茶叶

产品品质的评价和判定的检验，获得检测结果的方法，如对茶叶的外形、色泽、净度、匀整度、香气、滋味、汤色、叶底的评价及判定。

2. 理化指标检测

茶叶理化指标检测是指依靠检测仪器、设备和化学方法对茶叶进行检测检验，获得检测结果的方法，如对茶叶水分、茶多酚、氨基酸、咖啡碱等含量的检验。其检验主要依据有 GB2762、GB2763 等。

三、茶叶检测检验技术

（一）茶叶感官检验技术

1. 茶叶感官审评室环境要求（图 6-1）

（1）审评室宜坐南朝北，北向开窗，最小使用面积不得小于 10 m²。

（2）室内色调应选择中性色、白色或浅灰色，无色彩、无异味干扰。

（3）评茶时，室内温度宜保持在 15 ～ 27 ℃，相对湿度不高于 70%。

（4）室内光线应柔和、明亮，无阳光直射，无杂色光反射。当自然光线不足时，应有可调控的人造光源进行辅助照明。

（5）评茶时，保持安静，控制噪声不超过 50 dB。

图 6-1　标准化茶叶感官审评室

2.茶叶感官审评用具

（1）干评台，台面为黑色亚光；湿评台，台面为白色亚光（图6-2）。

（2）审评用具包括评茶杯碗、计时器、样茶盘、叶底盘、天平秤、烧水壶等（图6-3）。

图6-2 标准化茶叶感官审评用干评台及湿评台

评茶杯碗

计时器

样茶盘   叶底盘

天平秤   烧水壶

图6-3　标准化茶叶感官审评常用器具

3.审评用水的要求

（1）审评用水的理化指标及卫生指标应符合GB 5749的规定。

（2）泡茶用水以100℃水温的开水，水沸滚后宜立即冲泡。如用久煮过的水继续回炉煮开再冲泡，会影响茶汤滋味的新鲜度。若用未沸滚的水冲泡茶叶，则茶叶中水浸出物不能最大限度地泡出，会影响香气、滋味的准确评定。

4.感官审评方法的要点

茶叶感官审评包括干看和湿评两部分，干看主要是对茶叶外形的审评，外形一般又分为形状、色泽、整碎和净度等因子（图6-4）；湿评主要审评茶叶内质的汤色、香气、滋味和叶底等因子（图6-5）。

图6-4　专业审评人员正在进行茶叶外形审评

图6-5　专业审评人员正在进行茶叶内质审评

（1）外形的审评方法及要点。对于散茶，将缩分后的有代表性的茶样 100 ～ 200 g，置于评茶盘中，双手握住茶盘对角，用回旋筛转法，使茶样按粗细、长短、大小、整碎顺序分层并顺势收于评茶盘中间呈圆馒头形，根据上层（也称"面张""上段"）、中层（也称"中档""中段")、下层（也称"下脚""下段"），用目测、手感等方法，通过翻动茶叶、调换位置、反复察看外形。

从形状上审评茶叶的粗细、松紧、轻重、老嫩、芽毫的含量以及是否显锋苗。从色泽上审评茶叶鲜陈、润枯、匀杂及是否为该茶类应有的色泽，如绿茶应黄绿、翠绿等，红茶应乌润、乌棕等。

从整碎上审评茶叶上、中、下三段比例是否恰当，碎末、轻片的多少。从净度上审评茶叶中茶类、非茶类夹杂物的含量情况。

对于紧压茶，审评其形状规格、松紧度、匀整度、表面光洁度和色泽，分里、面茶的紧压茶，审评是否起层脱面，包心是否外露等，茯砖加评"金花"是否茂盛、均匀及颗粒大小。

（2）内质的审评方法及要点。取有代表性茶样 3.0 g 或 5.0 g，茶水比（质量体积比）1∶50，置于评茶杯中，注满沸水，加盖，计时（一般为 5 min）依次等速滤出茶汤，留叶底于杯中，按汤色—香气—滋味—叶底逐项审评。

① 看汤色。各碗茶汤水平要一致，茶汤中混入茶渣残叶时，应用网匙捞出。为避免光线强弱不同而影响汤色明亮度的辨别，可经常交换茶碗的位置。审评汤色是否正常，如绿茶多绿明，红茶显红亮，乌龙茶呈黄（红），黄茶、白茶呈黄色，黑茶具棕色等。而不同茶类对汤色的深浅、明暗、清浊要求是一致的：汤色明亮清澈，品质较好；深暗混浊，则品质较差。

② 嗅香气。一手持杯，一手持盖，靠近鼻孔，半开杯盖，嗅评杯中香气，每次持续 2～3 s 后随即合上杯盖，可反复 1～2 次，并热嗅（约 75℃）、温嗅（约 45℃）、冷嗅（接近室温）结合进行。热嗅重点辨别香气是否正常及香气的类型，如绿茶多具清香、乌龙茶显花果香、白茶透毫香等；温嗅能辨别香气的浓淡高低，冷嗅则辨别香气的持久性。

③ 尝滋味。审评滋味适宜的茶汤温度约为 50℃，用茶匙取适量

（5 mL）茶汤于口内，通过吸吮使茶汤在口腔内循环打转，接触舌头各部位，全面地辨别茶汤的滋味。审评滋味主要按浓淡、强弱、爽涩、鲜陈及纯杂等评定优次。

④ 看叶底。将评茶杯中的茶叶倒入黑色叶底盘中直接评比，或倒入白色搪瓷叶底盘中加入适量清水漂看。主要评比其嫩度、匀度和色泽，评比时除了观察芽叶的含量、叶张的光洁与粗糙、色泽与均匀度的好坏以外，还应用手指按揿叶张，观察其弹性大小，叶张软而厚的，往往其弹性较差，嫩度好，反之，叶张硬而瘦薄的，其弹性较好，嫩度差。

茶叶感官审评一般通过上述这些品质因子的综合观察，才能评定品质优次和等级高低。

（二）茶叶理化指标检验技术

1. 茶叶理化指标检测项目

茶叶理化指标检测主要包括总灰分、水溶性灰分、酸不溶性灰分、水溶性灰分碱度、水浸出物、粗纤维、铅、稀土总量、六六六总量、滴滴涕总量、杀螟硫磷、顺式氰戊菊酯、氟氰戊菊酯、氯氰菊酯、溴氰菊酯、氯菊酯、乙酰甲胺磷及产品执行标准规定的其他项目。

2. 茶叶理化指标要求

（1）茶叶常规理化指标要求见表 6-1 所列。

表 6-1　茶叶常规理化指标要求

项　目	指　标
水分（%）	≤ 6.0
水浸出物（%）	≥ 32
粗纤维（%）	≤ 16.5
总灰分（%）	≤ 6.5
粉末（%）	≤ 6.0
碎茶（%）	≤ 16

项　目	指　标
总砷（以 As 计）（mg/kg）	≤ 0.5
铅（以 Pb 计）（mg/kg）	≤ 5
铜（以 Cu 计）mg/kg	≤ 10
六六六（mg/kg）	≤ 0.2
滴滴涕（mg/kg）	≤ 0.2
乙酰甲胺磷（mg/kg）	≤ 0.1
氯氰菊酯（mg/kg）	≤ 20
氟氰戊菊酯（mg/kg）	≤ 20
氯菊酯（mg/kg）	≤ 20
溴氰菊酯（mg/kg）	≤ 10
顺式氰戊菊酯（mg/kg）	≤ 2
杀螟硫磷（mg/kg）	≤ 0.5
稀土总量（mg/kg）	≤ 2.0

（2）安全卫生指标：安全卫生指标应符合《茶叶卫生标准》GB 2762、GB 2763 的规定。

（3）净含量允差：净含量允差应符合国家质量检验检疫总局令第 75 号（2005）《定量包装商品计量监督管理办法》规定。

3. 茶叶理化指标检测方法

茶叶感官检测要求按《茶叶感官评审通用办法》NY/T 787 规定执行，水分按《茶水分测定》GB/T 8304 规定执行。水浸出物按《茶水浸出物测定》GB/T 8305 规定执行，粗纤维按《茶粗纤维测定》GB/T 8310 规定执行，总灰分按《茶总成分测定》GB/T 8306 规定执行，粉末和碎茶按 GB/T 8311 规定执行，净含量允差按《定量包装商品净含量计量检验规则》JJF 1070 规定执行，砷、铅、铜、六六六、滴滴涕按《茶叶卫生标准的分析方法》GB/T 5009.57 规定执行，乙酰甲铵磷按《植物性食品中甲胺磷和乙酰甲胺磷农药残留量的测定》GB/T 5009.103 规定执行，氯氰菊酯、氟氰戊菊酯、氯菊酯、溴氰菊酯、顺式氰戊菊酯按《植物性食品中甲胺磷和乙酰甲胺磷农药残留量的测定》GB/T 5009.146 规定执行，杀螟硫磷按《食品中有机磷农药残留量的测定》GB/T 5009.20 规定执行，稀土总量按《植物性食品中稀土元素的测定》GB/T 5009.94 规定执行。

4.检验规则

检验抽样按《茶取样》GB/T 8302 规定执行，企业生产的每批产品均需进行出厂检验，出厂检验项目为感官要求、水分、水浸出物、粉末、碎茶、净含量等。检验合格发放合格证，产品凭合格证入库或出厂。

第二节　标准化包装设计

作为世界三大无醇饮料之一的茶叶，被誉为是 21 世纪的饮料，并以其天然、营养、保健的品质特点而备受世人青睐。茶叶作为一类特殊商品，不完善的包装往往会使茶叶的形、色、香、味受到损坏，为了实现长时间的贮存和运输，茶叶需要进行有效的包装。

一、茶叶包装技术要求

茶叶包装是指根据客户需求对茶叶进行包装，以促进茶叶商品销售。一个好的茶叶包装设计可以让茶叶的身价提高数倍，茶叶包装已经是中国茶叶产业的重要环节。茶叶中含有抗坏血酸、茶单宁、茶素、芳香油、蛋白质、儿茶酸、脂质、维生素、色素、果胶、酶和矿物质等多种成分。这些成分都极易受到潮湿、氧气、温度、光线和环境异味的影响而发生变质。因此，包装茶叶时，应该减弱或防止上述因素的影响，具体要求如下。

1.防潮

茶叶中的水分是茶叶生化变化的介质，低水分含量有利于茶叶品质的保存。茶叶中的含水量不宜超过 5%，长期保存时以 3% 为最佳，否则，茶叶中的抗坏血酸容易分解，茶叶的色、香、味等都会发生变化，尤其在较高的温度下，变质的速度会加快。因此，在包装时可选用防潮性能好的，如铝箔或铝箔蒸镀薄膜为基础材料的复合薄膜为包装材料进行防潮包装。

2. 防氧化

包装中氧气含量过多会导致茶叶中某些成分的氧化变质，如抗坏血酸容易氧化变成为脱氧抗坏血酸，并进一步与氨基酸结合发生色素反应，使茶叶味道恶化。因此，茶叶包装中氧的含量必须有效控制在1%以下。在包装技术上，可采用充气包装法或真空包装法来减少氧气的存在。真空包装技术是把茶装入气密性好的软薄膜包装袋内，包装时排除袋内的空气，造成一定的真空度，再进行密封封口的包装方法；充气包装技术则是在排出空气的同时充入氮气等惰性气体，目的在于保护茶叶的色、香、味稳定不变，保持其原有的质量。

3. 防高温

温度是影响茶叶品质变化的重要因素，温度相差10℃，化学反应的速率相差3～5倍。茶叶在高温下会加剧内含物质的氧化，导致多酚类等有效物质迅速减少，品质劣变加快。根据实施，茶叶的贮存温度在5℃以下效果最好。10～15℃时，茶叶色泽减退较慢，色泽效果也能保持良好，当温度超过25℃时，茶叶的色泽会变化较快。因此，茶叶适合于在低温下保存。

4. 遮光

光线能促进茶叶中叶绿素和脂质等物质的氧化，使茶叶中的戊醛、丙醛等异味物质增加，加速茶叶的陈化，因此，在包装茶叶时，必须遮光以防止叶绿素、脂质等其他成分发生光催化反应。另外，紫外线也是引起茶叶变质的重要因素。解决这类问题可以采用遮光包装技术。

5.阻气

茶叶的香味极易散失，而且容易受到外界异味的影响，特别是复合膜残留溶剂以及电熨处理、热封处理分解出来的异味都会影响茶叶的风味，使茶叶的香味受到影响。因此，包装茶叶时必须避免从包装中逸散出香味及从外界吸收异味。茶叶的包装材料必须具备一定的阻隔气体性能。

二、常用茶叶包装材料

作为一类特殊的商品，由于受到自身和客观条件的限制，茶叶的包装有别于其他一般性商品的包装。目前，常用的茶叶包装材料主要有以下几种。

1.金属罐

金属罐包装的防破损、防潮、密封性能十分优异，是茶叶比较理想的包装材料。金属罐一般用镀锡薄钢板制成，罐形有方形和圆筒形等，其盖有单层盖和双层盖两种。从密封上来分，有一般罐和密封罐两种。在包装技术处理上，一般罐可采用封入脱氧剂包装法，以除去包装内的氧气。密封罐多采用充气、真空包装。金属罐对茶叶的防护性优于复合薄膜，且外表美观、高贵，其缺点是包装成本高、包装与商品的重量比高、增加运输费用。设计精致的金属罐适合于高档茶叶的包装。

2.纸盒

纸盒是用白板纸、灰板纸等经印刷后成型，纸盒包装防止了易破损的缺点，遮光性能也极好。为解决纸盒包装茶叶香气的挥发和免受外界异味的影响，一般都用聚乙烯塑料袋包装茶叶再装入纸盒。纸盒包装的缺点是易受潮，最近几年，出现了纸塑复合包装盒，克服了纸盒易受潮的问题。这种采用内层为塑料薄膜层或涂有防潮涂料的纸板为包装材料制作的包装盒，既具有复合薄膜袋包装的功能，又具有纸盒包装所具有的保护性、刚性等性能。若在里面用塑料袋作成小包装袋，防护效果更好。

3. 塑料成型容器

聚乙烯、聚丙稀、聚氯乙烯等塑料成型容器有着大方、美观、包装陈列效果好的特点，但是其密封性能较差，在茶叶包装中多作为外包装使用，其包装内多用复合薄膜塑料袋封装。

4. 复合薄膜袋

塑料复合薄膜具有质轻、不易破损、热封性好、价格适宜等许多优点，在包装上被广泛应用。用于茶叶包装的复合薄膜有很多种，如防潮玻璃纸／聚乙烯／纸／铝箔／聚乙烯、双轴拉伸聚丙烯／铝箔／聚乙烯、聚乙烯／聚偏二氯乙烯／聚乙烯等，复合薄膜具有优良的阻气性、防潮性、保香性、防异味等优点。由于多数塑料薄膜均具有80%～90%的光线透射率，为减少透射率，可在包装材料中加入紫外线抑制或者通过印刷、着色来减少光线透射率。另外，可采用以铝箔或真空镀铝膜为基础材料的复合材料进行遮光包装。复合薄膜袋包装形式多种多样，有三面封口形、自立袋形、折叠形等。由于复合薄膜袋具有良好的印刷性，用其做销售包装设计，对吸引顾客、促进茶叶销售更具有独特的效果。

5. 纸袋

纸袋又称为"袋泡茶"，这是一种用薄滤纸为材料的袋包装，用时连纸袋一起放入茶具内。用滤纸袋包装的目的主要是为了提高浸出率，另外也使茶厂的茶末得到充分的利用。由于袋泡茶有冲泡快速、清洁卫生、用量标准、可以混饮、排渣方便、携带容易等优点，满足了现代人快节奏的生活需要，在国际市场上很受青睐。早期的袋泡茶一般都有袋线，以满足多次浸泡的方便，由于考虑到环保的要求，现在逐渐流行不用袋线的袋泡茶。

三、茶叶包装基本要求

（1）包装要牢固、整洁、美观，能保护茶叶品质，不得有裂纹和复合层分离，同批次包装的样式、种类、材料、尺寸大小要一致。

（2）包装材料或容器应具有防潮、防氧气、防异味、遮光等性能，应当符合茶叶贮存、运输、销售及保障产品质量安全的要求，便于拆卸和搬运。

（3）包装材料或容器必须符合食品卫生要求，不受杀菌剂、防腐剂、熏蒸剂、杀虫剂等物品的二次污染，不得含有荧光染料等污染物。包装使用的干燥剂等物质必须符合国家强制性技术规范要求，干燥剂不得直接接触茶叶。

（4）外包装材料选用纸板、卡纸、铁制、陶瓷、复合袋等制品；内包装材料选用聚乙烯（PE）、聚丙烯（PP）、铝箔袋、复合袋等无毒、无异味材料。不得用聚氯乙烯（PVC）和混有氯氟碳化合物（CFC）的膨化聚苯乙烯等材料。

（5）包装材料或容器应妥善存放于干燥、通风、避光、无毒、无异味、无污染的仓库中，不能直接置于地面，运输时须防雨、防潮、防污染、防损伤。

（6）包装设计宜主题突出，简洁新颖，简约实用、环保绿色、质优价廉、精美大气，富有文化内涵，能突出品牌形象且符合市场导向；符合国家相关标准及法律法规要求，正确规范使用标志标识、商标等元素。

第七章 梵净山茶标准化销售服务

第一节 标准化销售管理

一、经营要求

1. 门店经营基本要求

依法取得食品流通许可和企业注册登记、食品生产许可证，依法取得商标权人铜仁市茶叶行业协会"梵净山茶"商标使用许可；使用铜仁市茶业协会统一规范的店装店招，门店的装饰材料和内部设施不能污染茶叶，室内建筑材料及器具必须无毒、无气味，符合《室内空气质量标准》GB/T 18883；店面配备符合要求的消防安全设施，内部装修设计符合《建筑内部装修设计防火规范》GB 50222 要求；店堂布置合理，柜台合理安排，商品摆放整齐，交易空间宽敞明亮；门店保持室内外地面干燥、清洁、无虫害和粉尘；店内销售适应的茶具，要求色彩、质地、形状整体协调美观，同时配备冷库或冷柜、用品消毒设备、除尘设备。

2. 专柜经营基本要求

专柜经营要求与门店要求基本一致。必须依法取得食品流通经营许可和个体注册登记，经销的茶叶产品必须是依法取得食品生产许可的茶叶生产企业的产品，经销的茶叶产品是依法取得商标权人铜仁市茶叶行业协会"梵净山茶"商标使用许可的产品，专柜保持经营场所地面干燥、清洁、无虫害和粉尘，有固定的经营场所、人员及必要的经营设备。

3.电商经营基本要求

电商经销的茶叶产品必须是依法取得食品生产许可的茶叶生产企业的产品，经销的茶叶产品必须是依法取得商标权人铜仁市茶叶行业协会"梵净山茶"证明商标使用许可的产品，还遵守天猫相应规则。

4.其他经营方式基本要求

必须依法办理食品流通许可和工商注册登记；必须有固定摊点并符合经营场所卫生条件要求；经营的散装茶符合梵净山茶叶质量标准；对所销售的散装茶产地、生产日期、产品价格等内容必须做醒目标示。

二、从业人员基本要求

1.职业道德

遵守国家法律、法规，遵守员工守则、规章制度和劳动纪律，爱岗敬业，对客人真诚、谦虚、诚实，不分贫富、亲疏，一视同仁，尊重客人的风俗习惯和宗教信仰，公平交易，实事求是，维护企业信誉和消费者合法权益，遵循社会公德，创建健康、文明的服务环境。

2.仪容仪表

销售人员应仪表端庄,仪态大方,精神饱满,举止得体,面带微笑,自尊自爱,服装干净整洁,不得浓妆艳抹,不涂指甲油,注意生活细节,禁止在店面内有剔牙、挖鼻、挠头皮、剪指甲等不文明的举止行为。

3.工作职责

树立全心全意为顾客服务的精神，热情接待，对客户提出的要求，尽可能予以解决，对客户来信、来电咨询的相关问题做好答复，分类登记，及时汇报；对梵净山茶的质量承担管理责任，禁止假冒伪劣商品入场，及时清退过期、变质、破损的商品，及时处理顾客对产品质量问题的投诉。

三、售后服务

及时解决售后问题，面对顾客的质疑，不能有排斥心理，而应以诚恳的态度和专业的职业素养感染顾客，让消费者感觉自身利益受到保护；建立顾客档案，定期进行回访，了解顾客对产品的意见并及时反馈以便改进；在新品上市时及时通知顾客，在做促销或者节假日活动期间发送相关信息和祝福，让消费者感受到关心和关怀，电子商务售后应遵循天猫相应规则。

第二节　标准化冲泡品饮

一、贵州茶叶冲泡品饮方法

1.冲泡技术要点

采用高水温、多投茶、快出汤、茶水分离、不洗茶的一种茶叶冲泡方法。

（1）高水温：沸水，即沸即用。

（2）多投茶：茶水比1∶25至1∶38，即4～6 g茶、150 mL水冲泡。

（3）快出汤：自注水开始计时出汤，不同茶类冲泡时间见冲泡参数建议表。

（4）茶水分离：将茶汤与叶底分离后品饮。

（5）不洗茶：干茶入杯后不洗茶，直接冲泡出汤品饮。

2.冲泡技术要求

（1）茶叶选择：根据个人喜好和习惯选择茶叶。茶叶应符合《贵州绿茶　第1部分基本要求》DB52/T 4421和《贵州红茶》DB5／T 641的规定。

（2）冲泡用水选择：冲泡用水符合《生活饮用水卫生标准》GB 5749 的要求。

（3）茶具选择：泡茶器皿应符合《食品安全国家标准食品接触材料及制品通用安全要求》GB 4806.1、《食品安全国家标准陶瓷制品》GB 4806.4、《食品安全国家标准玻璃制品》GB 4806.5、《食品国家安全标准食品接触金属》GB 4806.9 规定的陶质、瓷质、玻璃、金属等材质茶水分离杯（飘逸杯）、盖碗、壶；饮茶器皿应符合《食品安全国家标准食品接触材料及制品通用安全要求》GB 4806.1、《食品安全国家标准陶瓷制品》GB 4806.4、《食品安全国家标准玻璃制品》GB 4806.5、《食品国家安全标准食品接触金属》GB 4806.9 规定的陶质、瓷质、玻璃、金属等材质品茗杯；辅助器皿应有公道杯、过滤网、茶夹、茶匙、茶荷、茶巾、水盂、茶盘、电随手泡、便携式电子秤等。

3. 冲泡程序和方法

（1）冲泡程序：备具—投茶—注水—出汤—品饮。

（2）冲泡方法。①备具：根据人数准备适量的茶叶、茶具、用水；②投茶：将茶叶投入洁净的泡茶器中；③注水：将沸水注入杯中；④出汤：茶叶浸泡一定时间后茶水分离，将茶汤过滤至品茶器皿中。

（3）冲泡参数建议。贵州茶叶参考表 7-1 至表 7-4，可达到较好的色香味综合表现。

表 7-1　贵州绿茶（扁形）冲泡参数建议表

冲泡方式	茶水比例	150 mL 容量投茶量	冲泡时间		
			第一泡	第二泡	第三泡
1	1：37	4 g	30～40 s	25～30 s	25～40 s
2	1：30	5 g	20～30 s	25～30 s	30～40 s
3	1：25	6 g	25～30 s	25～30 s	25～40 s
备注： 1. 第四泡后每泡浸泡时间均比上一泡适当延长，至茶味平淡即可换茶。 2. 可在此建议表基础上适当调整茶水比例、延长或缩短冲泡时间以达到个人喜好的最佳口感。 3. 从注水开始计时					

表7–2　贵州绿茶（卷曲形）冲泡参数建议表

冲泡方式	茶水比例	150 mL 容量投茶量	冲泡时间		
			第一泡	第二泡	第三泡
1	1∶37	4 g	25～30 s	25～30 s	20～30 s
2	1∶30	5 g	25～30 s	20～30 s	25～30 s
3	1∶25	6 g	20～30 s	10～25 s	25～30 s
备注：1.第四泡后每泡浸泡时间均比上一泡适当延长至茶味平淡即可换茶。 　　　2.可在此建议表基础上适当调整茶水比例、延长或缩短冲泡时间以达到个人喜好的最佳口感。 　　　3.从注水开始计时					

表7–3　贵州绿茶（颗粒形）冲泡参数建议表

冲泡方式	茶水比例	150 mL 容量投茶量	冲泡时间		
			第一泡	第二泡	第三泡
1	1∶37	4 g	25～30 s	30～40 s	30～40 s
2	1∶30	5 g	25～30 s	30～40 s	25～30 s
3	1∶25	6 g	20～25 s	25～30 s	25～30 s
备注：1.第四泡后每泡浸泡时间均比上一泡适当延长至茶味平淡即可换茶。 　　　2.可在此建议表基础上适当调整茶水比例、延长或缩短冲泡时间以达到个人喜好的最佳口感。 　　　3.从注水开始计时					

表7–4　贵州工夫红茶冲泡参数建议表

冲泡方式	茶水比例	150 mL 容量投茶量	冲泡时间		
			第一泡	第二泡	第三泡
1	1∶37	4 g	30～40 s	30～40 s	30～40 s
2	1∶30	5 g	30～40 s	30～40 s	30～40 s
3	1∶25	6 g	30～40 s	30～40 s	30～40 s
备注：1.第四泡后每泡浸泡时间均比上一泡适当延长至茶味平淡即可换茶。 　　　2.可在此建议表基础上适当调整茶水比例、延长或缩短冲泡时间以达到个人喜好的最佳口感。 　　　3.从注水开始计时					

4.品饮方法

参照《茶叶感官审评方法》GB/T 23776 规定，按照闻香气、观汤色、尝滋味的次序依次进行。

（1）闻香气。贵州绿茶以嫩栗香为主，兼有花香、豆香、高香等香气类型；贵州红茶有甜、蜜、花、果、鲜等香型；品饮时可品鉴茶叶香气的类型、浓度、纯度、持久度。以香气特征明显、高长持久、纯正浓郁为佳。不应有异气、水闷气、生青气、粗老气等；贵州白茶、黑茶、青茶、黄茶应参照《茶叶感官审评方法》GB/T 23776 的规定。

（2）观汤色。贵州绿茶汤色以绿明亮为主；贵州红茶汤色以红明亮为主；其他茶类与其产品标准相符合即可。不应暗沉、浑浊（茶毫浑和冷后浑不在此列）；贵州白茶、黑茶、青茶、黄茶应参照《茶叶感官审评方法》GB/T 23776 的规定。

（3）尝滋味。贵州绿茶滋味嫩、鲜、香、浓、醇；贵州红茶甜、醇、爽；其他茶类与其产品标准相符合即可；不应有酸、馊、浓苦、浓涩等贵州白茶、黑茶、青茶、黄茶应参照《茶叶感官审评方法》GB/T 23776 的规定。

二、梵净山茶冲泡品饮方法

1. 梵净山绿茶冲泡方法

冲泡条索紧结、芽叶细嫩的梵净山名优绿茶，宜用上投法方式冲泡，用沸水冲泡，水量满至玻璃杯的 7/10 ～ 8/10 处，茶水比例为 1∶40 ～ 1∶70，可加水 3 ～ 4 次。冲泡体形松展、比重较轻的梵净山名优绿茶，宜用中投法或下投法，用沸水冲泡，水量满至玻璃杯的 7/10 ～ 8/10 处，茶水比例为 1∶40 ～ 1∶70，可加水 3 ～ 4次。冲泡梵净山大宗绿茶，宜用下投法方式，用沸水冲泡，冲泡前加入茶叶量 2 倍水量的水洗茶，注水至盖碗的 8/10 处，茶水比例为1∶30 ～ 1∶50，直接品饮或茶水分离品饮，可冲泡 4 ～ 5 次。

2. 梵净山红茶冲泡方法

将茶投入紫砂壶中，用沸水冲泡，冲泡前加入茶叶量 2 倍水量的水洗茶，洗茶后注水，水量满至壶口，刮去表面浮沫，浸泡后，倒入公道杯，再分茶汤至品茗杯，茶水比例（g∶mL）为 1∶40 ～ 1∶70；第一、二泡时间约为 40 s，以后每泡递增 15 ～ 20 s，可冲泡 5 ～ 6 次。

3.梵净山茶品饮方法

（1）闻香。举杯在鼻前嗅闻，分热闻、温闻和冷闻，鉴赏香气的类型、浓度、纯度、持久度。闻香的最佳温度在55℃左右，超过65℃时感到烫鼻，低于30℃时茶香低沉。闻香时间3 s左右，过久嗅觉疲劳失去灵敏度。

（2）观色。将茶杯置于光亮处观赏茶汤的颜色种类与色度、明暗度和清浊度。

（3）品饮。啜小口吸入，与舌头各部位循环流动，使汤与舌面充分接触后咽下，品味茶汤的浓淡、厚薄、醇涩、纯异和鲜钝等。品饮前不宜吃强烈刺激味觉的食物，如葱、蒜、辣椒等，也不宜吸烟。品饮温度45～50℃较适合味觉，太烫刺激而麻木，太低灵敏度差，且冷汤的物质不协调。

第三节 标准化茶楼茶馆服务

一、经营基本要求

1.设施设备

茶楼茶馆附属设施、服务项目和运行管理严格按照安全、消防、卫生、环境保护等国家相关法律法规的要求；装饰装修应做到功能完善、布局合理、选材环保，采光、通风良好；在醒目位置悬挂企业营业执照、餐饮服务许可证、公共场所卫生许可证和服务项目与价目表等；原材料从合法渠道采购，各种原料、辅料、调料的质量应符合国家有关法律和标准的要求，储存环境和储存方式符合产品的性能和《茶叶卫生标准》GB 9679、《食品安全国家标准食品接触用纸和纸板材料及制品》GB 4806.8规定；茶馆应设在环境清静（噪声70 dB）、通风通畅、光线明亮、绿化较好、远离异味气排放源的地方，噪声控制应符合《声环境质量标准》GB 3096 的要求；有茶叶和茶点贮存库房和专用保鲜柜。提供餐饮服务的茶馆应设置相对独立的符合《饭馆卫生标准》GB 16153 要求的场所；设置醒目、规范的公共标识，公共信息标志图形符号应符合《公共信息图形符号 第1 部分：通用符号》GB 10001.1 的规定。

2.经营管理

经营管理制度健全，应具备员工上岗培训制度，员工岗位职责、行为规范、工作流程和质量要求，投诉、赔偿制度；要合法经营，不准利用经营场所从事违法活动，应向消费者出具合法消费票据；要文明经营、热情服务，不准强行拉客，不应侵犯消费者的人格尊严和危害消费者的人身、财产安全。

二、从业人员基本要求

在职业道德方面，要遵守国家法律、法规，爱岗敬业，遵守企业规章制度，对客人礼貌、热情、谦虚，尊重客人的风俗习惯和宗教信仰，维护消费者合法权益和企业信誉，要遵循社会公德，创建健康、文明的服务环境；在业务知识方面，要熟记本店主要经营项目和营业时间，熟悉本店经营特点和特色，熟悉本区域内茶产品特征和文化知识，熟记本岗位的服务程序和流程；在仪容仪表方面，上岗前要整理仪表，化淡妆，以恬静素雅为基调，化妆时应选用无香化妆品，指甲要修剪整齐，不留长指甲，头发要清洁整齐，女性应将长发盘起，刘海不过眉，每次泡茶前要净手，净手时使用无香洗手液，冲洗干净，净手后不涂护手霜，上岗时面容整洁、自然，情绪饱满，面带微笑，着装统一，佩戴服务工牌；在礼节礼貌方面，要讲普通话，语言清晰、简练、准确、柔和，文明用语，应使用问候礼节，在不同时间、不同场合主动问候客人，应使用称呼礼节，根据客人姓名、性别、职务准确地称呼客人，应使用应答礼节，准确、亲切、灵活回答客人的问题，应使用和运用迎送礼节欢迎客人和送别客人，禁止出现不文明的举止，如剔牙、挠头皮、修指甲、打哈欠等。

三、服务质量要求

从业人员工作应按照茶楼茶馆《标准工作流程和质量要求》严格执行，应经专业培训合格后持证上岗，要有专人负责质量管理工作，处理投诉，收集客人反馈意见，不断改进服务质量；如有问题，按照茶楼茶馆《投诉及赔偿制度》执行。

四、卫生条件要求

洗刷消毒用的洗涤剂、消毒剂要符合《食品安全国家标准洗涤剂》GB 14930.1 和《食品安全国家标准消毒剂》GB 14930.2 的规定，污水排放符合《污水综合排放标准》GB 8978 规定，供应的饮水应符合《生活饮用水卫生标准》GB 5749 规定，洗手间符合《饭馆卫生标准》GB 16153 的规定，食（餐）具消毒应执行《食品安全国家标准消毒餐（饮）具》GB 14934 规定，应有防虫、防蝇、防蟑螂和防鼠的措施，负责餐品和茶点加工的人员须戴口罩、手套上岗，提供直接入口的食品时必须使用专用工具。

附录一　《中华人民共和国标准化法》

（1988 年 12 月 29 日第七届全国人民代表大会常务委员会第五次会议通过，2017 年 11 月 4 日第十二届全国人民代表大会常务委员会第三十次会议修订）

第一章　总　　则

第一条　为了加强标准化工作，提升产品和服务质量，促进科学技术进步，保障人身健康和生命财产安全，维护国家安全、生态环境安全，提高经济社会发展水平，制定本法。

第二条　本法所称标准（含标准样品），是指农业、工业、服务业以及社会事业等领域需要统一的技术要求。

标准包括国家标准、行业标准、地方标准和团体标准、企业标准。国家标准分为强制性标准、推荐性标准，如行业标准、地方标准是推荐性标准。强制性标准必须执行。国家鼓励采用推荐性标准。

第三条　标准化工作的任务是制定标准、组织实施标准以及对标准的制定、实施进行监督。

县级以上人民政府应当将标准化工作纳入本级国民经济和社会发展规划，将标准化工作经费纳入本级预算。

第四条　制定标准应当在科学技术研究成果和社会实践经验的基础上，深入调查论证，广泛征求意见，保证标准的科学性、规范性、时效性，提高标准质量。

第五条　国务院标准化行政主管部门统一管理全国标准化工作。国务院有关行政主管部门分工管理本部门、本行业的标准化工作。

县级以上地方人民政府标准化行政主管部门统一管理本行政区

域内的标准化工作。县级以上地方人民政府有关行政主管部门分工管理本行政区域内本部门、本行业的标准化工作。

第六条 国务院建立标准化协调机制，统筹推进标准化重大改革，研究标准化重大政策，对跨部门跨领域、存在重大争议标准的制定和实施进行协调。

设区的市级以上地方人民政府可以根据工作需要建立标准化协调机制，统筹协调本行政区域内标准化工作重大事项。

第七条 国家鼓励企业、社会团体和教育、科研机构等开展或者参与标准化工作。

第八条 国家积极推动参与国际标准化活动，开展标准化对外合作与交流，参与制定国际标准，结合国情采用国际标准，推进中国标准与国外标准之间的转化运用。

国家鼓励企业、社会团体和教育、科研机构等参与国际标准化活动。

第九条 对在标准化工作中做出显著成绩的单位和个人，按照国家有关规定给予表彰和奖励。

第二章 标准的制定

第十条 对保障人身健康和生命财产安全、国家安全、生态环境安全以及满足经济社会管理基本需要的技术要求，应当制定强制性国家标准。

国务院有关行政主管部门依据职责负责强制性国家标准的项目提出、组织起草、征求意见和技术审查。国务院标准化行政主管部门负责强制性国家标准的立项、编号和对外通报。国务院标准化行政主管部门应当对拟制定的强制性国家标准是否符合前款规定进行立项审查，对符合前款规定的予以立项。

省、自治区、直辖市人民政府标准化行政主管部门可以向国务院标准化行政主管部门提出强制性国家标准的立项建议，由国务院标准化行政主管部门会同国务院有关行政主管部门决定。社会团体、企业事业组织以及公民可以向国务院标准化行政主管部门提出强制性国家标准的立项建议，国务院标准化行政主管部门认为需要立项的，会同国务院有关行政主管部门决定。

强制性国家标准由国务院批准发布或者授权批准发布。

法律、行政法规和国务院决定对强制性标准的制定另有规定的，从其规定。

第十一条 对满足基础通用、与强制性国家标准配套、对各有关行业起引领作用等需要的技术要求，可以制定推荐性国家标准。

推荐性国家标准由国务院标准化行政主管部门制定。

第十二条 对没有推荐性国家标准、需要在全国某个行业范围内统一的技术要求，可以制定行业标准。

行业标准由国务院有关行政主管部门制定，报国务院标准化行政主管部门备案。

第十三条 为满足地方自然条件、风俗习惯等特殊技术要求，可以制定地方标准。

地方标准由省、自治区、直辖市人民政府标准化行政主管部门制定；设区的市级人民政府标准化行政主管部门根据本行政区域的特殊需要，经所在地省、自治区、直辖市人民政府标准化行政主管部门批准，可以制定本行政区域的地方标准。地方标准由省、自治区、直辖市人民政府标准化行政主管部门报国务院标准化行政主管部门备案，由国务院标准化行政主管部门通报国务院有关行政主管部门。

第十四条 对保障人身健康和生命财产安全、国家安全、生态环境安全以及经济社会发展所急需的标准项目，制定标准的行政主管部门应当优先立项并及时完成。

第十五条 制定强制性标准、推荐性标准，应当在立项时对有关行政主管部门、企业、社会团体、消费者和教育、科研机构等方面的实际需求进行调查，对制定标准的必要性、可行性进行论证评估；在制定过程中，应当按照便捷有效的原则采取多种方式征求意见，组织对标准相关事项进行调查分析、实验、论证，并做到有关标准之间的协调配套。

第十六条 制定推荐性标准，应当组织由相关方组成的标准化技术委员会，承担标准的起草、技术审查工作。制定强制性标准，可以委托相关标准化技术委员会承担标准的起草、技术审查工作。未组成标准化技术委员会的，应当成立专家组承担相关标准的起草、技术审查工作。标准化技术委员会和专家组的组成应当具有广泛代表性。

第十七条 强制性标准文本应当免费向社会公开。国家推动免费向社会公开推荐性标准文本。

第十八条 国家鼓励学会、协会、商会、联合会、产业技术联盟等社会团体协调相关市场主体共同制定满足市场和创新需要的团体标准，由本团体成员约定采用或者按照本团体的规定供社会自愿采用。

制定团体标准，应当遵循开放、透明、公平的原则，保证各参与主体获取相关信息，反映各参与主体的共同需求，并应当组织对标准相关事项进行调查分析、实验、论证。

国务院标准化行政主管部门会同国务院有关行政主管部门对团体标准的制定进行规范、引导和监督。

第十九条 企业可以根据需要自行制定企业标准，或者与其他企业联合制定企业标准。

第二十条 国家支持在重要行业、战略性新兴产业、关键共性技术等领域利用自主创新技术制定团体标准、企业标准。

第二十一条　推荐性国家标准、行业标准、地方标准、团体标准、企业标准的技术要求不得低于强制性国家标准的相关技术要求。

国家鼓励社会团体、企业制定高于推荐性标准相关技术要求的团体标准、企业标准。

第二十二条　制定标准应当有利于科学合理利用资源，推广科学技术成果，增强产品的安全性、通用性、可替换性，提高经济效益、社会效益、生态效益，做到技术上先进、经济上合理。

禁止利用标准实施妨碍商品、服务自由流通等排除、限制市场竞争的行为。

第二十三条　国家推进标准化军民融合和资源共享，提升军民标准通用化水平，积极推动在国防和军队建设中采用先进适用的民用标准，并将先进适用的军用标准转化为民用标准。

第二十四条　标准应当按照编号规则进行编号。标准的编号规则由国务院标准化行政主管部门制定并公布。

第三章　标准的实施

第二十五条　不符合强制性标准的产品、服务，不得生产、销售、进口或者提供。

第二十六条　出口产品、服务的技术要求，按照合同的约定执行。

第二十七条　国家实行团体标准、企业标准自我声明公开和监督制度。企业应当公开其执行的强制性标准、推荐性标准、团体标准或者企业标准的编号和名称；企业执行自行制定的企业标准的，还应当公开产品、服务的功能指标和产品的性能指标。国家鼓励团体标准、企业标准通过标准信息公共服务平台向社会公开。

企业应当按照标准组织生产经营活动，其生产的产品、提供的服务应当符合企业公开标准的技术要求。

第二十八条 企业研制新产品、改进产品，进行技术改造，应当符合本法规定的标准化要求。

第二十九条 国家建立强制性标准实施情况统计分析报告制度。

国务院标准化行政主管部门和国务院有关行政主管部门、设区的市级以上地方人民政府标准化行政主管部门应当建立标准实施信息反馈和评估机制，根据反馈和评估情况对其制定的标准进行复审。标准的复审周期一般不超过五年。经过复审，对不适应经济社会发展需要和技术进步的应当及时修订或者废止。

第三十条 国务院标准化行政主管部门根据标准实施信息反馈、评估、复审情况，对有关标准之间重复交叉或者不衔接配套的，应当会同国务院有关行政主管部门作出处理或者通过国务院标准化协调机制处理。

第三十一条 县级以上人民政府应当支持开展标准化试点示范和宣传工作，传播标准化理念，推广标准化经验，推动全社会运用标准化方式组织生产、经营、管理和服务，发挥标准对促进转型升级、引领创新驱动的支撑作用。

第四章 监 督 管 理

第三十二条 县级以上人民政府标准化行政主管部门、有关行政主管部门依据法定职责，对标准的制定进行指导和监督，对标准的实施进行监督检查。

第三十三条 国务院有关行政主管部门在标准制定、实施过程中出现争议的，由国务院标准化行政主管部门组织协商；协商不成的，由国务院标准化协调机制解决。

第三十四条 国务院有关行政主管部门、设区的市级以上地方人民政府标准化行政主管部门未依照本法规定对标准进行编号、复审或者备案的，国务院标准化行政主管部门应当要求其说明情况，并限期改正。

第三十五条 任何单位或者个人有权向标准化行政主管部门、有关行政主管部门举报、投诉违反本法规定的行为。

标准化行政主管部门、有关行政主管部门应当向社会公开受理举报、投诉的电话、信箱或者电子邮件地址，并安排人员受理举报、投诉。对实名举报人或者投诉人，受理举报、投诉的行政主管部门应当告知处理结果，为举报人保密，并按照国家有关规定对举报人给予奖励。

第五章 法 律 责 任

第三十六条 生产、销售、进口产品或者提供服务不符合强制性标准，或者企业生产的产品、提供的服务不符合其公开标准的技术要求的，依法承担民事责任。

第三十七条 生产、销售、进口产品或者提供服务不符合强制性标准的，依照《中华人民共和国产品质量法》《中华人民共和国进出口商品检验法》《中华人民共和国消费者权益保护法》等法律、行政法规的规定查处，记入信用记录，并依照有关法律、行政法规的规定予以公示；构成犯罪的，依法追究刑事责任。

第三十八条 企业未依照本法规定公开其执行的标准的，由标准化行政主管部门责令限期改正；逾期不改正的，在标准信息公共服务平台上公示。

第三十九条 国务院有关行政主管部门、设区的市级以上地方人民政府标准化行政主管部门制定的标准不符合本法第二十一条第一款、第二十二条第一款规定的，应当及时改正；拒不改正的，由国务院标准化行政主管部门公告废止相关标准；对负有责任的领导人员和直接责任人员依法给予处分。

社会团体、企业制定的标准不符合本法第二十一条第一款、第二十二条第一款规定的，由标准化行政主管部门责令限期改正；逾期不改正的，由省级以上人民政府标准化行政主管部门废止相关标准，并在标准信息公共服务平台上公示。

违反本法第二十二条第二款规定，利用标准实施排除、限制市场竞争行为的，依照《中华人民共和国反垄断法》等法律、行政法规的规定处理。

第四十条 国务院有关行政主管部门、设区的市级以上地方人民政府标准化行政主管部门未依照本法规定对标准进行编号或者备案，又未依照本法第三十四条的规定改正的，由国务院标准化行政主管部门撤销相关标准编号或者公告废止未备案标准；对负有责任的领导人员和直接责任人员依法给予处分。

国务院有关行政主管部门、设区的市级以上地方人民政府标准化行政主管部门未依照本法规定对其制定的标准进行复审，又未依照本法第三十四条的规定改正的，对负有责任的领导人员和直接责任人员依法给予处分。

第四十一条 国务院标准化行政主管部门未依照本法第十条第二款规定对制定强制性国家标准的项目予以立项，制定的标准不符合本法第二十一条第一款、第二十二条第一款规定，或者未依照本法规定对标准进行编号、复审或者予以备案的，应当及时改正；对负有责任的领导人员和直接责任人员可以依法给予处分。

第四十二条 社会团体、企业未依照本法规定对团体标准或者企业标准进行编号的，由标准化行政主管部门责令限期改正；逾期不改正的，由省级以上人民政府标准化行政主管部门撤销相关标准编号，并在标准信息公共服务平台上公示。

第四十三条 标准化工作的监督、管理人员滥用职权、玩忽职守、徇私舞弊的，依法给予处分；构成犯罪的，依法追究刑事责任。

第六章　附　　则

第四十四条　军用标准的制定、实施和监督办法，由国务院、中央军事委员会另行制定。

第四十五条　本法自 2018 年 1 月 1 日起施行。

附录二 《地方标准管理办法》

（2020 年 1 月 16 日国家市场监督管理总局令第 26 号公布）

第一条 为了加强地方标准管理，根据《中华人民共和国标准化法》，制定本办法。

第二条 地方标准的制定、组织实施及其监督管理，适用本办法。法律、行政法规和国务院决定另有规定的，依照其规定。

第三条 为满足地方自然条件、风俗习惯等特殊技术要求，省级标准化行政主管部门和经其批准的设区的市级标准化行政主管部门可以在农业、工业、服务业以及社会事业等领域制定地方标准。地方标准为推荐性标准。

第四条 制定地方标准应当遵循开放、透明、公平的原则，有利于科学合理利用资源，推广科学技术成果，做到技术上先进、经济上合理。

第五条 地方标准的技术要求不得低于强制性国家标准的相关技术要求，并做到与有关标准之间的协调配套。

禁止通过制定产品质量及其检验方法地方标准等方式，利用地方标准实施妨碍商品、服务自由流通等排除、限制市场竞争的行为。

第六条 国务院标准化行政主管部门统一指导、协调、监督全国地方标准的制定及相关管理工作。县级以上地方标准化行政主管部门依据法定职责承担地方标准管理工作。

第七条 省级标准化行政主管部门应当组织标准化技术委员会，承担地方标准的起草、技术审查工作。设区的市级标准化行政主管部门应当发挥标准化技术委员会作用，承担地方标准的起草、技术审查工作。

未组织标准化技术委员会的，应当成立专家组，承担地方标准的起草、技术审查工作。

标准化技术委员会和专家组应当具有专业性、独立性和广泛代表性。承担起草工作的人员不得承担技术审查工作。

第八条 社会团体、企业事业组织以及公民可以向设区的市级以上地方标准化行政主管部门或者有关行政主管部门提出地方标准立项建议。

设区的市级以上地方标准化行政主管部门应当将收到的立项建议通报同级有关行政主管部门。

第九条 设区的市级以上地方有关行政主管部门可以根据收到的立项建议和本行政区域的特殊需要，向同级标准化行政主管部门提出地方标准立项申请。

第十条 设区的市级以上地方标准化行政主管部门应当对有关行政主管部门、企业事业组织、社会团体、消费者和教育、科研机构等方面的实际需求进行调查，对制定地方标准的必要性、可行性进行论证评估，并对立项申请是否符合地方标准的制定事项范围进行审查。

第十一条 设区的市级以上地方标准化行政主管部门应当根据论证评估、调查结果以及审查意见，制定地方标准立项计划。

地方标准立项计划应当明确项目名称、提出立项申请的行政主管部门、起草单位、完成时限等。

第十二条 起草单位应当对地方标准相关事项进行调查分析、实验、论证。有关技术要求需要进行试验验证的，应当委托具有相应能力的技术单位开展。

第十三条 起草单位应当征求有关行政主管部门以及企业事业组织、社会团体、消费者组织和教育、科研机构等方面意见，并在设区的市级以上地方标准化行政主管部门门户网站向社会公开征求意见。公开征求意见的期限不少于三十日。

第十四条 起草单位应当根据各方意见对地方标准进行修改完善后，与编制说明、有关行政主管部门意见、征求意见采纳情况等材料一并报送标准化行政主管部门技术审查。

第十五条 设区的市级以上地方标准化行政主管部门应当组织对地方标准的下列事项进行技术审查：

（一）是否符合地方标准的制定事项范围；

（二）技术要求是否不低于强制性国家标准的相关技术要求，并与有关标准协调配套；

（三）是否妥善处理分歧意见；

（四）需要技术审查的其他事项。

第十六条 起草单位应当将根据技术审查意见修改完善的地方标准，与技术审查意见处理情况及本办法第十四条规定的需要报送的其他材料一并报送立项的标准化行政主管部门审核。

第十七条 设区的市级以上地方标准化行政主管部门应当组织对地方标准报批稿及相关材料进行审核，对报送材料齐全、制定程序规范的地方标准予以批准、编号。

第十八条 地方标准的编号，由地方标准代号、顺序号和年代号三部分组成。

省级地方标准代号，由汉语拼音字母"DB"加上其行政区划代码前两位数字组成。市级地方标准代号，由汉语拼音字母"DB"加上其行政区划代码前四位数字组成。

第十九条 地方标准发布前，提出立项申请的行政主管部门认为相关技术要求存在重大问题或者出现重大政策性变化的，可以向标准化行政主管部门提出项目变更或者终止建议。

标准化行政主管部门可以根据有关行政主管部门的建议等，作出项目变更或者终止决定。

第二十条 地方标准由设区的市级以上地方标准化行政主管部门发布。

第二十一条 设区的市级以上地方标准化行政主管部门应当自地方标准发布之日起二十日内在其门户网站和标准信息公共服务平台上公布其制定的地方标准的目录及文本。

第二十二条 地方标准应当自发布之日起六十日内由省级标准化行政主管部门向国务院标准化行政主管部门备案。备案材料应当包括发布公告及地方标准文本。

国务院标准化行政主管部门应当将其备案的地方标准通报国务院有关行政主管部门。

第二十三条 县级以上地方标准化行政主管部门和有关行政主管部门应当依据法定职责，对地方标准的实施进行监督检查。

第二十四条 设区的市级以上地方标准化行政主管部门应当建立地方标准实施信息反馈和评估机制，并根据反馈和评估情况，对其制定的地方标准进行复审。

地方标准复审周期一般不超过五年，但有下列情形之一的，应当及时复审：

（一）法律、法规、规章或者国家有关规定发生重大变化的；

（二）涉及的国家标准、行业标准、地方标准发生重大变化的；

（三）关键技术、适用条件发生重大变化的；

（四）应当及时复审的其他情形。

第二十五条 复审地方标准的，设区的市级以上地方标准化行政主管部门应当征求同级有关行政主管部门以及企业事业组织、社会团体、消费者组织和教育、科研机构等方面意见，并根据有关意见作出地方标准继续有效、修订或者废止的复审结论。

复审结论为修订地方标准的，应当按照本办法规定的地方标准制定程序执行。复审结论为废止地方标准的，应当公告废止。

第二十六条 地方标准的技术要求低于强制性国家标准的相关技术要求的,应当及时改正;拒不改正的,由国务院标准化行政主管部门公告废止相关标准;由有权机关对负有责任的领导人员和直接责任人员依法给予处分。

地方标准未依照本办法规定进行编号或者备案的,由国务院标准化行政主管部门要求其说明情况,并限期改正;拒不改正的,由国务院标准化行政主管部门撤销相关标准编号或者公告废止未备案标准;由有权机关对负有责任的领导人员和直接责任人员依法给予处分。

地方标准未依照本办法规定进行复审的,由国务院标准化行政主管部门要求其说明情况,并限期改正;拒不改正的,由有权机关对负有责任的领导人员和直接责任人员依法给予处分。

利用地方标准实施排除、限制市场竞争行为的,按照《中华人民共和国反垄断法》等法律、行政法规的规定处理。

地方标准的制定事项范围或者制定主体不符合本办法规定的,由上一级标准化行政主管部门责令限期改正;拒不改正的,公告废止相关标准。

第二十七条 对经济和社会发展具有重大推动作用的地方标准,可以按照地方有关规定申报科学技术奖励。

第二十八条 本办法所称日为公历日。

第二十九条 本办法自 2020 年 3 月 1 日起施行。1990 年 9 月 6 日原国家技术监督局令第 15 号公布的《地方标准管理办法》同时废止。

附录三 《贵州省地方标准管理办法(试行)》

第一章 总 则

第一条 为加强地方标准管理,进一步推动地方标准实施,规范地方标准制修订程序,依据《中华人民共和国标准化法》和《地方标准管理办法》,结合本省实际,制定本办法。

第二条 贵州省地方标准为推荐性标准,分省级地方标准和市(自治州)级地方标准,其立项、制(修)订、实施及其监督管理,适用本办法。

法律、行政法规、国务院决定和规章另有规定的,从其规定。

第三条 制定地方标准应遵循开放、透明、公平的原则,符合下列要求:

(一)应满足地方自然条件、风俗习惯等特殊技术要求,可以在农业、工业、服务业以及社会事业等领域制定;

(二)有利于科学合理利用资源,推广科学技术成果,提高经济效益、社会效益、生态效益,提升社会治理和公共服务水平,做到技术上先进、经济上合理;

(三)技术要求不得低于强制性国家标准的相关技术要求,并做到与有关标准之间的协调配套;

(四)禁止通过制定产品质量及其检验方法地方标准等方式,利用地方标准实施妨碍商品、服务自由流通等排除、限制市场竞争的行为。

第四条 设区的市(自治州)级标准化行政主管部门经省级标准化行政主管部门批准,可以在一定范围内制定地方标准。

133

第五条　省、设区的市（自治州）级标准化行政主管部门统一管理本行政区域内的地方标准工作，履行下列职责：

（一）制（修）订地方标准，对地方标准统一立项、审查、编号和批准发布；

（二）指导、协调有关行政主管部门组织地方标准的起草和实施；

（三）组织对地方标准的实施情况开展评估、复审和监督检查；

（四）省级标准化行政主管部门组织和管理省级标准化技术委员会，承担地方标准的起草、技术审查工作。

第六条　县级以上标准化行政主管部门依据法定职责，对地方标准的实施进行监督检查。

第七条　设区的市（自治州）级标准化行政主管部门原则上不组建标准化技术委员会，可依托省级标准化技术委员会，或根据实际需要成立标准化技术专家组，承担地方标准的起草、技术审查等工作。

第二章　标准的立项

第八条　在省委、省人民政府制定的国民经济和社会发展规划中，市场机制尚未充分发挥作用的新兴经济领域，或市场主体难以独立制定市场化标准的领域，优先制定地方标准。

第九条　有下列情形之一的，不予立项：

（一）不属于地方标准制定范围的；

（二）项目的必要性、可行性不充分的；

（三）项目的制定条件、时机、技术储备尚不成熟的；

（四）已有国家标准或行业标准，且无地方特色或进一步细化必要的；

（五）其他不适宜制定地方标准的情形。

第十条 地方标准立项分计划立项和非计划立项。

（一）计划立项是指设区的市（自治州）级以上标准化行政主管部门每年度依据经济社会发展需求，制定立项工作指南后，一定时间内面向本行政区域内社会各界公开征集的地方标准项目。

（二）非计划立项是指为保障重大公众利益或者满足应对突发事件等特殊需要，由设区的市（自治州）级以上标准化行政主管部门根据同级有关行政主管部门提出的快速立项申请，及时批准的地方标准项目。

第十一条 有明确行政主管部门的行业，社会团体、企业事业组织以及公民可以向设区的市（自治州）级以上有关行政主管部门提出地方标准立项建议。

立项建议应包括下列内容：

（一）制定地方标准的必要性、可行性；

（二）适用范围和主要技术指标说明；

（三）有关法律法规和国内外相关标准情况说明；

（四）地方标准草案（至少包含大纲或框架）；

（五）申报标准体系的，需提供体系明细表和标准申报清单。

第十二条 难以确定地方标准行政主管部门的特殊行业，社会团体、企业事业组织以及公民可以直接向设区的市（自治州）级以上标准化行政主管部门提出立项建议。

设区的市（自治州）级以上标准化行政主管部门应将收到的立项建议通报同级有关行政主管部门。

第十三条 设区的市（自治州）级以上标准化行政主管部门应通过组织专家组或委托标准化技术委员会、标准化技术机构对地方标准立项申请的实际需求进行调查，对制定地方标准的必要性、可行性进行论证评估，并对立项申请是否符合地方标准的制定事项范围，是否与有关标准交叉重叠进行审查。

第十四条　拟立项的市（自治州）级地方标准项目，应报省级标准化行政主管部门批准。省级标准化行政主管部门认为需要同级有关行政主管部门提供意见的，应征询立项意见。

第十五条　经论证和审查拟立项的，由标准化行政主管部门将拟立项的地方标准项目在门户网站上进行公示，公示时间不少于15日。

对公示无异议或异议不成立的地方标准立项申请，应予以立项。

第十六条　对予以立项的地方标准项目，标准化行政主管部门应编制地方标准项目计划，明确项目名称、提出立项申请的行政主管部门、标准技术归口单位、起草单位、完成时限等，并向社会公布。

省级标准化行政主管部门同意设区的市（自治州）级地方标准立项的，应正式批复并向社会公布。

第十七条　标准技术归口单位应为提出立项的有关行政主管部门，或者其正式委托的对应行业标准化技术委员会。

第三章　标准的起草

第十八条　起草单位应由相关专业标准化技术委员会或者具备相应能力的社会团体、企事业组织等承担。非主要起草单位可根据实际情况进行调整，主要起草单位的调整需经有关行政主管部门和同级标准化行政主管部门同意。

第十九条　起草标准应遵循下列要求：

（一）充分调查分析、实验和论证；

（二）充分协调标准各相关方意见；

（三）充分考虑技术指标实施的可行性，有必要的应通过一致性试验验证；

（四）符合国家标准GB/T 1《标准化工作导则》的编写规范。

第二十条　地方标准项目完成时限为2年，不能在规定期限内完成的，起草单位应提前 3 个月向立项的标准化行政主管部门书面说明情况和原因，经同意后可以适当延期，延期最多不超过 6 个月。逾期仍未完成的，该标准项目终止。

第二十一条 标准技术归口单位应会同起草单位采取书面征求意见、座谈会、论证会等形式，广泛征求有关行政主管部门以及企业事业组织、社会团体、消费者组织和教育、科研机构等利益相关方的意见。征求意见范围应覆盖各相关地区和领域的相关方，征求意见时间应不少于 30 日。

第二十二条 起草单位应在广泛征求意见的基础上，形成地方标准征求意见稿及编制说明征求意见稿等材料，自项目批准后 1 年内提交立项的标准化行政主管部门向社会公开征求意见，征求意见期限不少于 30 日。

地方标准的编制说明应载明背景情况、起草过程、技术验证、征求意见及其协调处理等情况。

第二十三条 对地方标准中涉及专利的管理，参照《国家标准涉及专利的管理规定（暂行）》执行。

第四章 标准的审查

第二十四条 起草单位应根据各方意见对地方标准进行修改完善，送有关行政主管部门（或标准技术归口单位）审核通过后，在立项计划时限截止前 6 个月，向立项的标准化行政主管部门申请地方标准技术审查，并提交以下送审材料：

（一）地方标准审查申请函；

（二）地方标准送审稿；

（三）地方标准编制说明送审稿；

（四）地方标准征求意见汇总表；

（五）有关行政主管部门（或标准技术归口单位）审核意见。

第二十五条 标准化行政主管部门应组织专家组或者委托相关专业标准化技术委员会、标准化技术机构对地方标准送审材料进行技术审查。

技术审查原则上采用会议审查方式。审查组专家应具有专业性、独立性、广泛性和代表性，原则上从专家库中抽取，人数一般不低于 5 人，必要时可包含 1 名法律专家。审查组组长应由审查组专家协商推选，或由组织审查的标准化行政主管部门指定。

技术审查会上每位专家的审查意见应完整记入审查会议纪要，并形成审查结论。

标准起草人员及起草单位负责人不得承担本项目的技术审查工作。

第二十六条 技术审查主要从以下方面对地方标准送审材料进行审查：

（一）是否符合地方标准制定事项范围；

（二）是否符合立项目的和需求；

（三）是否符合有关法律、法规、规章的规定；

（四）技术要求是否不低于强制性国家标准的相关技术要求，并与有关标准协调配套；

（五）是否满足有关科学性、先进性、适用性等方面的要求；

（六）是否妥善处理分歧意见；

（七）是否符合国家标准GB/T 1《标准化工作导则》的编写规范；

（八）需要技术审查的其他事项。

第二十七条 市（自治州）级以上标准化行政主管部门应在收到审查申请之日起 60 日内完成审查。

因重大复杂问题需要专业鉴定和复核的，不计入前款规定的审查时限。

第二十八条 超过3/4的审查组专家且组长同意视为审查通过。

审查未通过的，立项的标准化行政主管部门根据技术审查结论终止标准项目计划，或要求起草单位修改后再次提出审查申请。再次审查不通过的，该标准项目终止。

第五章 标准的批准和备案

第二十九条 起草单位应将根据技术审查结论修改完善的地方标准，经审查组组长签字和有关行政主管部门审核后，于技术审查完成 20 日内，将相关材料提交至立项的标准化行政主管部门。包括以下报批材料：

（一）地方标准报批表（含有关行政主管部门审核意见）；

（二）地方标准技术审查结论表；

（三）地方标准技术审查汇总表；

（四）地方标准报批稿；

（五）地方标准编制说明报批稿。

第三十条 设区的市（自治州）级以上标准化行政主管部门对报批材料齐全、制定程序规范的地方标准予以批准、编号和发布。

第三十一条 地方标准的发布时间与实施时间之间一般设置不少于 90 日的过渡期，因公共安全、人身健康、生态环境等重大公共利益亟需实施的除外。

第三十二条 设区的市（自治州）级以上标准化行政主管部门应自地方标准发布之日起 20 日内在其门户网站和标准信息公共服务平台上公开标准正式文本，供社会公众免费查阅。

第三十三条 地方标准统一由省级标准化行政主管部门报国务院标准化行政主管部门备案。

设区的市（自治州）级标准化行政主管部门应自标准发布之日起 60 日内，将备案材料上传到地方标准备案系统，由省级标准化行政主管部门上报备案。不在立项范围内、标准未编号、编号不合规、备案材料不符合要求等情形的，应及时改正。逾期不改正或拒不改正的，不予上报备案，并由省级标准化行政主管部门公告废止相关标准。

第六章　标准的实施与监督

第三十四条　本省区域鼓励采用地方标准。

各专业标准化技术委员会、标准起草单位、企事业组织、社会团体和教育、科研机构等应利用自身有利条件，开展地方标准的宣贯、培训、咨询等服务，积极推动地方标准实施。

第三十五条　鼓励国家机关、社会团体、企业事业组织以及公民在使用地方标准过程中，向有关行业主管部门和标准化行政主管部门反馈问题、提出建议。

第三十六条　设区的市（自治州）级以上标准化行政主管部门应建立统计分析、信息反馈和评估机制，并根据反馈和评估情况对所制定的地方标准按年度组织复审。

复审周期一般不超过 5 年，但有下列情形之一的，应及时组织复审：

（一）法律、法规、规章修改或者废止的；

（二）相关国家政策发生重大调整的；

（三）涉及的国家标准、行业标准、本省其它地方标准制定或者修订对该地方标准产生影响的；

（四）涉及的关键技术、适用条件发生重大变化的；

（五）应及时复审的其他情形。

第三十七条　设区的市（自治州）级以上标准化行政主管部门应征求同级有关行政主管部门以及企事业组织、社会团体、消费者组织和教育、科研机构等方面意见，根据有关意见作出地方标准继续有效、修订或者废止的复审结论，并向社会公布。

复审结论为修订地方标准的，应按照本办法规定的地方标准制定程序执行。复审结论为废止地方标准的，应公告废止。

第三十八条 未达到复审周期，且满足本办法第三十六条规定应及时复审的情形，标准技术归口单位应会同起草单位向发布的标准化行政主管部门提出修订申请，并提交同级有关行政主管部门的审核意见。

第三十九条 地方标准在实施过程中，发现个别技术内容有误，必须对其进行少量修改或补充的，有关行政主管部门或标准技术归口单位应组织起草单位形成建议草案，并填写地方标准修改单，提交同级标准化行政主管部门审查。

第四十条 省级标准化行政主管部门应对设区的市（自治州）级标准化行政主管部门发布的地方标准实施监督，并对地方标准的制定、编号、备案及实施等情况进行指导。

第四十一条 对经济和社会发展具有重大推动作用的地方标准，可以按照有关规定申报科学技术奖励以及资金补助。

第七章 附 则

第四十二条 本办法所称日为公历日。

第四十三条 本办法由贵州省市场监督管理局解释。

第四十四条 本办法自 2020 年 8 月 1 日起施行。原贵州省质量技术监督局 2018 年发布的《贵州省级地方标准制定工作指南（暂行）》同时废止。

附录四 《贵州省地方标准》

梵净山 针形绿茶

DB 52/T 1006—2015 梵净山 针形绿茶

（本标准由贵州省质量技术监督局、贵州省农业委员会于 2015 年 2 月 15 日发布，2015 年 3 月 15 日实施）

1 范围

本标准规定了梵净山针形绿茶的术语和定义、分级及实物标准样、要求、试验方法、检验规则及标志标签、包装、运输和贮存。

本标准适用于梵净山区域内以大中小叶种茶树的芽叶为原料加工的针形绿茶。

2 规范性引用文件

下列文件对于本文件的应用是必不可少的。凡是注日期的引用文件，仅所注日期的版本适用于本文件。凡是不注日期的引用文件，其最新版本（包括所有的修改单）适用于本文件。

GB/T 191 包装储运图示标志

GB 2762 食品安全国家标准 食品中污染物限量

GB 2763 食品安全国家标准食品中农药最大残留限量

GB 7718 食品安全国家标准预包装食品标签通则

GB/T 8302 茶取样

GB/T 8303 茶磨碎试样的制备及其干物质含量测定

GB/T 8304 茶水分测定

GB/T 8305 茶水浸出物测定

GB/T 8306 茶总灰分测定

GB/T 8310 茶粗纤维测定

GB/T 8311 茶粉末和碎茶含量测定

GB/T 14456.1 绿茶第1部分：基本要求

GB/T 14487 茶叶感官审评术语

GB 14881 食品安全国家标准食品生产通用卫生规范

GB/T 18795 茶叶标准样品制备技术条件

GB 23350 限制商品过度包装要求　　食品和化妆品

GB/T 23776 茶叶感官审评方法

GB/T 30375 茶叶贮存

GH/T 1070 茶叶包装通则

NY/T 1999 茶叶包装、运输和贮藏通

DB52/T 442.2 贵州绿茶针形茶

DB52/T 630 贵州茶叶加工场所基本要求

DB52/T 1007 梵净山针形绿茶加工技术规程

JJF 1070 定量包装商品净含量计量检验规则

国家质量监督检验检疫总局〔2005〕第75号令《定量包装商品计量监督管理办法》

3 术语和定义

GB/T 14487 确定的以及下列术语和定义适用于本标准。

3.1 梵净山 针形绿茶 Fanjingshan needle green tea

以梵净山区域内（印江县、江口县、松桃县、石阡县、沿河县、德江县、思南县、玉屏县）适制绿茶的中小叶种茶树的鲜叶为原料，按梵净山针形绿茶加工技术规程生产的针形和锋形绿茶产品。

4 分级及实物标准样

4.1 按外形分为显毫银针和无毫青针，按质量等级分为特级、一

级、二级、三级。

4.2 产品的每一等级均应设置实物标准样，为品质的最低界限，每两年更换一次。实物标准样的制备应符合 GB/T 18795 的规定。

5 要求

5.1 原料要求

应符合 DB52/T 1007 的规定。

5.2 产品基本要求

5.2.1 品质正常，无劣变，无异味。

5.2.2 不含非茶类夹杂物。

5.2.3 不着色，不添加任何物质。

5.3 感官品质

感官品质应符合表 1 的规定。

表 1 梵净山 针形绿茶感官品质要求

级别	项 目					
	外形		内质			
	显毫银针	无毫青针	香气	汤色	滋味	叶底
特级	条索紧细圆直、匀整、露锋显毫、色泽翠绿	条索紧细圆直、匀整、色泽翠绿	嫩香、栗香或清香持久	碧绿清澈	鲜爽鲜醇	鲜嫩匀整
一级	条索紧圆、尚匀整、露锋显毫、色泽绿润	条索紧圆、尚匀整、色泽绿润	嫩香、栗香或清香尚持久	碧绿明亮	鲜爽鲜醇	嫩绿明亮、较匀整
二级	条索紧结尚直、欠匀整、露锋苗有毫、色泽绿尚润	条索紧结尚直、欠匀整、色泽绿尚润	嫩香、栗香或清香	黄绿明亮	尚鲜爽鲜醇	黄绿明亮、尚匀整
三级	条索尚紧结、露锋苗略有毫、色泽尚绿润	条索尚紧结、色泽尚绿润	黄绿尚明亮	栗香	醇正鲜爽	黄绿尚亮、欠匀整

5.4 理化指标

理化指标应符合表 2 的规定；其他指标应符合 GB/T 14456.1 的规定。

表 2　理化指标

项　　目	指　　标			
	特级	一级	二级	三级
水分（质量分数）/（%）≤	6.5	6.5	6.5	6.5
水浸出物（质量分数）/（%）≥	40.0	40.0	38.0	38.0
总灰分（质量分数）/（%）≤	5.5	5.5	6.0	6.0
碎末茶（质量分数）/（%）≤	4.5	4.5	5.0	5.0
粗纤维（质量分数）/（%）≤	14.0	14.0	15.0	15.0

5.5　安全指标

5.5.1　污染物限量应符合 GB 2762 的规定。

5.5.2　农药最大残留限量

农药最大残留限量应符合 GB 2763 的规定。

5.6　净含量

定量包装的允许短缺量应符合《定量包装商品计量监督管理办法》的规定。

5.7　加工要求

5.7.1　生产过程卫生要求

应符合 GB14881 的规定。

5.7.2　加工工艺要求

应符合 DB52/T 1007 的规定。

6　试验方法

6.1　感官品质

按 GB/T 23776 和 GB/T 14487 的规定执行。

6.2　试样制备

按 GB/T 8303 的规定执行。

6.3 水分

按 GB/T 8304 的规定执行。

6.4 水浸出物

按 GB/T 8305 的规定执行。

6.5 总灰分

按 GB/T 8306 的规定执行。

6.6 粗纤维

按 GB/T 8310 的规定执行。

6.7 碎末茶

按 GB/T 8311 的规定执行。

6.8 安全指标

按 GB 2762 和 GB 2763 的规定执行。

6.9 净含量

按 JJF 1070 的规定执行。

7 检验规则

7.1 组批

产品以批为单位。利用同一生长轮次、同级鲜叶原料、同一班次加工的产品为一批次。同批同级茶叶品质应一致。

7.2 取样

按 GB/T 8302 的规定执行。

7.3 出厂检验

每批产品出厂前须对感官品质、水分、净含量、碎末进行检验，或按合同要求进行检验，检验合格后，附上合格证方能出厂。

7.4 型式检验

型式检验每半年一次，在下列情况下，应按国家规定对产品进行型式检验，即对本文件 5.2～5.5 规定的项目进行检验，有下列情形之一时进行检验：

a）正常生产情况下每年生产一次。

b）因人为或自然因素使原材料或生产环境发生较大变化时。

c）国家质量监督机构或主管部门提出型式检验要求时。

7.5 判定规则

7.5.1 检验结果全部符合本标准规定技术要求的产品，则判该批产品为合格。

7.5.2 凡劣变、有污染、霉变、有添加剂或质量安全指标中有一项不符合本标准要求，则判定该批产品不合格。

8 标志标签、包装、运输和贮存

8.1 标志标签

8.1.1 标志
包装储运图示标志应符合 GB/T 191 的规定。

8.1.2 标签
产品标签应符合 GB 7718 的规定。

8.2 包装
销售包装应符合 GB 23350 和 GH/T 1070 的规定。
运输包装应符合 GH/T 1070 的规定。

8.3 运输

应符合应符合 NY/T 1999 的规定。运输工具应清洁、干燥、无异味、无污染。运输时应有防雨、防潮、防晒措施。严禁与有毒、有害、有异味、易污染的物品混装、混运。装卸时应轻装轻卸，严禁摔撞。

8.4 贮存

应符合 GB/T 30375 的规定。在符合本标准贮存条件下，保质期为 24 个月。

梵净山 针形绿茶加工技术规程

DB 52/T 1007—2015 梵净山 针形绿茶加工技术规程

（本标准由贵州省质量技术监督局、贵州省农业委员会于 2015 年 2 月 15 日发布，2015 年 3 月 15 日实施）

1 范围

本标准规定了梵净山针形绿茶的术语和定义、加工场所要求、原料（鲜叶）要求和加工工艺技术要求。

本标准适用于梵净山区域内针形绿茶的加工。

2 规范性引用文件

下列文件对于本文件的应用是必不可少的。凡是注日期的引用文件，仅所注日期的版本适用于本文件。凡是不注日期的引用文件，其最新版本（包括所有的修改单）适用于本文件。

GB 14881 食品安全国家标准食品生产通用卫生规范

SB/T 10034 茶叶加工技术术语

DB52/T 630 贵州茶叶加工场所基本条件

DB52/T 1006 梵净山针形绿茶

3 术语和定义

SB/T 10034、DB52/T 1006 确定的术语和定义适用于本文件。

4 加工场所要求

4.1 加工场所基本条件

应符合 DB52/T 630 的规定。

4.2 生产过程卫生要求

应符合 GB 14881 的规定。

5 原料（鲜叶）要求

为嫩、匀、鲜、净的正常芽叶，用于同批次加工的鲜叶，其嫩度、匀度、新鲜度、净度应基本一致。鲜叶质量分为特级、一级、二级、三级，各级别鲜叶质量应符表 1 的规定。

表 1 鲜叶质量要求

等　级	要　　求
特级	单芽至一芽一叶初展，匀齐，新鲜有活力，无机械损伤，无夹杂物
一级	一芽一叶全展，较匀齐，鲜活，无机械损伤和劣变芽叶，无夹杂物
二级	一芽二叶初展，尚匀齐，新鲜，无劣变芽叶，茶类夹杂物≤3%，无非茶类夹杂物
三级	一芽二叶全展，尚匀齐，新鲜，无劣变芽叶，茶类夹杂物≤5%，无非茶类夹杂物

5.1 鲜叶运输、贮存

使用透气良好、光滑清洁的篮篓等盛装鲜叶，运输时不得日晒雨淋，不得与有异味、有毒物品混运。鲜叶采摘后及时运到加工厂。

6 加工工艺技术要求

6.1 工艺流程

6.1.1 显毫银针工艺

摊青→杀青→摊凉→烘焙→摊凉→分级归类。

6.1.2 无毫青针工艺

摊青→杀青→摊凉→烘焙→摊凉→脱毫→摊凉→分级归类。

6.2 技术要求

6.2.1 摊青

6.2.1.1 鲜叶摊放于清洁卫生设施完好的摊青间或摊青槽、蔑质簸盘等。摊叶厚度为 2～4 cm，雨水、露水芽叶薄摊并通微风，加快水分蒸发；摊放时间为 4～6 h。

6.2.1.2 摊放至芽叶萎软、色泽翠绿稍暗、有清香为适度。

6.2.2 杀青

6.2.2.1 滚筒杀青

选用滚筒连续杀青机，开机空转预热15～30 min，待筒内空气温度升至140～160℃，感官温度用手背伸入进叶端口有灼手感时均匀投叶。要求投叶均匀，火温均匀。杀青叶叶色暗绿，叶质变软，手捏成团，稍有弹性，无生青、焦边、爆点，有清香为适度。

6.2.2.2 蒸汽杀青

选用蒸汽杀青机，每次杀青2筛，每筛摊叶2 kg；蒸汽压力0.5～0.8 MPa，温度200～240℃，杀青时间7～8 s；杀青叶色泽翠绿，叶质变软为适度。

6.2.3 摊凉

6.2.3.1 采用滚筒杀青方式的杀青叶及时均匀薄摊于干净的盛茶用具中，厚度 2～3 cm，时间 15～25 min。

6.2.3.2 采用蒸汽杀青方式的杀青叶迅速放置于冷却区，摊凉厚度 2～3 cm，用风机迅速降温5～10 min。

6.2.4 烘焙

6.2.4.1 初烘

选用烘干机，速度为中速，温度80～90℃，待含水率至36%～42%为适度，初烘后摊凉20～30 min。

6.2.4.2 复烘

选用烘干机，速度为慢速，温度80～90℃，待含水率至22%～28%为适度，复烘后摊凉20～30 min。

6.2.4.3 足烘

a）显毫银针足烘

选用烘干机，速度为慢速，温度70～80℃，待含水率至6.0%～7.5%

为适度,足烘后摊凉 20～30 min。

b)无毫青针足烘

选用烘干机,速度为慢速,温度70～80℃,待含水率至6.0%～7.5%
为适度,足烘后摊凉 20～30 min。

6.2.5 摊凉

足烘后的茶坯均匀摊放于干净的盛茶用具中,摊凉 10～
15 min。

6.2.6 脱毫

将足烘后的茶坯投入瓶式炒干机内进行脱毫,筒内温度38℃～
42℃,时间 60～90 min。

6.2.7 摊凉

脱毫后的茶坯均匀摊放于干净的盛茶用具中,摊凉 15～
20 min,待茶坯完全冷却后进行分级归类。

6.2.8 分级归类

按 DB52/T 1006 梵净山针形绿茶分级要求进行分级归类。

梵净山 卷曲形绿茶

DB 52/T 1008—2015 梵净山 卷曲形绿茶

(本标准由贵州省质量技术监督局、贵州省农业委员会于 2015
年 2 月 15 日发布,2015 年 3 月 15 日实施)

1 范围

本标准规定了梵净山 卷曲形绿茶的术语定义、分级及实物标准
样、要求、试验方法、检验规则及标志标签、包装、运输和贮存。

本标准适用于梵净山区域内以中小叶种茶树的芽叶为原料加工
的卷曲形绿茶。

2 规范性引用文件

下列文件对于本文件的应用是必不可少的。凡是注日期的引用文件，仅所注日期的版本适用于本文件。凡是不注日期的引用文件，其最新版本（包括所有的修改单）适用于本文件。

GB/T 191 包装储运图示标志

GB 2762 食品安全国家标准 食品中污染物限量

GB 2763 食品安全国家标准 食品中农药最大残留限量

GB 7718 食品安全国家标准 预包装食品标签通则

GB/T 8302 茶 取样

GB/T 8303 茶 磨碎试样的制备及其干物质含量测定

GB/T 8304 茶 水分测定

GB/T 8305 茶 水浸出物测定

GB/T 8306 茶 总灰分测定

GB/T 8310 茶 粗纤维测定

GB/T 8311 茶 粉末和碎茶含量测定

GB/T 14456.1 绿茶 第 1 部分：基本要求

GB/T 14487 茶叶感官审评术语

GB 14881 食品安全国家标准 食品生产通用卫生规范

GB/T 18795 茶叶标准样品制备技术条件

GB 23350 限制商品过度包装要求 食品和化妆品

GB/T 23776 茶叶感官审评方法

GB/T 30375 茶叶贮存

GH/T 1070 茶叶包装通则

NY/T 1999 茶叶包装、运输和贮藏通则

JJF 1070 定量包装商品净含量计量检验规则

DB52/T 442.1 贵州绿茶 卷曲形茶

DB52/T 630 贵州茶叶加工场所基本要求

DB52/T 1009 梵净山 卷曲形绿茶加工技术规程

国家质量监督检验检疫总局〔2005〕第 75 号令《定量包装商品计量监督管理办法》

3 术语和定义

GB/T 14487 确定的以及下列术语和定义适用于本标准。

3.1 梵净山卷曲形绿茶 Fanjingshan Curly greenTea

以梵净山区域内（印江县、江口县、松桃县、石阡县、沿河县、德江县、思南县、玉屏县）适制绿茶的大中小叶种茶树的鲜叶为原料，按梵净山卷曲形绿茶加工技术规程生产的卷曲形绿茶。

4 分级及实物标准样

4.1 按质量等级分为特级、一级、二级、三级。

4.2 产品的每一等级均应设置实物标准样，为品质的最低界限，每两年更换一次。实物标准样的制备应符合 GB/T 18795 的规定。

5 要求

5.1 原料要求

应符合 DB52/T 1009 的规定。

5.2 产品基本要求

5.2.1 品质正常，无劣变，无异味。

5.2.2 不含非茶类夹杂物。

5.2.3 不着色，不添加任何物质。

5.3 感官品质

感官品质应符合表 1 的规定。

表 1　梵净山卷曲形绿茶感官品质要求

级别外形	项　目				
	外形	内质			
		香气	汤色	滋味	叶底
特级	紧细卷曲、披毫、匀整绿润	嫩香、栗香或清香持久	嫩绿明亮	鲜爽	嫩绿明亮、匀整
一级	紧细卷曲、白毫显露、匀整绿润	嫩香、栗香或清香尚持久	黄绿明亮	鲜醇	嫩绿尚明亮、匀整
二级	紧细卷曲、露毫尚绿润、尚匀整	嫩香、栗香或清香	黄绿尚亮	醇和尚鲜	黄绿明亮、较匀整
三级	紧实卷曲、黄绿、欠匀整	栗香	黄绿	醇和	黄绿尚明亮、欠匀整

5.4　理化指标

理化指标应符合表 5 的规定；其他指标应符合 GB/T 14456.1 的规定。

表 5　理化指标

项　目	指　标			
	特级	一级	二级	三级
水分（质量分数）/（%）≤	6.5	6.5	6.5	6.5
水浸出物（质量分数）/（%）≥	41.0	41.0	40.0	38.0
总灰分（质量分数）/（%）≤	5.5	5.5	6.0	6.0
碎末茶（质量分数）/（%）≤	4.5	4.5	5.0	5.0
粗纤维（质量分数）/（%）≤	14.0	14.0	15.0	15.0

5.5　安全指标

5.5.1　污染物限量

污染物限量应符合 GB 2762 的规定。

5.5.2　农药最大残留限量

农药最大残留限量应符合 GB 2763 的规定。

5.6　净含量

定量包装的允许短缺量应符合《定量包装商品计量监督管理办

法》的规定。

5.7 加工要求

5.7.1 生产过程卫生要求

应符合 GB 14881 的规定。

5.7.2 加工工艺要求

应符合 DB52/T 1009 的规定。

6. 试验方法

6.1 感官品质

按 GB/T 23776 和 GB/T 14487 的规定执行。

6.2 试样制备

按 GB/T 8303 的规定执行。

6.3 水分

按 GB/T 8304 的规定执行。

6.4 水浸出物

按 GB/T 8305 的规定执行。

6.5 总灰分

按 GB/T 8306 的规定执行。

6.6 粗纤维

按 GB/T 8310 的规定执行。

6.7 碎末茶

按 GB/T 8311 的规定执行。

6.8 安全指标

按 GB 2762 和 GB 2763 的规定执行。

6.9 净含量

按 JJF 1070 的规定执行。

7 检验规则

7.1 组批

产品以批为单位。利用同一生长轮次、同级鲜叶原料、同一班次加工的产品为一批次。同批同级茶叶品质应一致。

7.2 取样

取样方法按 GB/T 8302 的规定执行。

7.3 出厂检验

每批产品出厂前须对感官品质、水分、净含量、碎末进行检验，或按合同要求进行检验，检验合格后，附上合格证方能出厂。

7.4 型式检验

型式检验每半年一次，在下列情况下，应按国家规定对产品进行型式检验，即对本文件 5.2～5.5 规定的项目进行检验，有下列情形之一时进行检验：

a）正常生产情况下每年生产一次。

b）因人为或自然因素使原材料或生产环境发生较大变化时。

c）国家质量监督机构或主管部门提出型式检验要求时。

7.5 判定规则

7.5.1 检验结果全部符合本标准规定技术要求的产品，则判该批产品为合格。

7.5.2 凡劣变、有污染、霉变、有添加剂或质量安全指标中有一项不符合本标准要求，则判定该批产品不合格。

8 标志标签、包装、运输和贮存

8.1 标志标签

8.1.1 标志

包装储运图示标志应符合 GB/T 191 的规定。

8.1.2 标签

产品标签应符合 GB 7718 的规定。

8.2 包装

销售包装应符合 GB 23350 和 GH/T 1070 的规定。运输包装应符合 GH/T 1070 的规定。

8.3 运输

应符合 NY/T 1999 的规定。运输工具应清洁、干燥、无异味、无污染。运输时应有防雨、防潮、防晒措施。严禁与有毒、有害、有异味、易污染的物品混装、混运。装卸时应轻装轻卸，严禁摔撞。

8.4 贮存

应符合 GB/T 30375 的规定。在符合本标准贮存条件下，保质期为 24 个月。

梵净山 卷曲形绿茶加工技术规程

DB 52/T 1009—2015 梵净山 卷曲形绿茶加工技术规程

（本标准由贵州省质量技术监督局、贵州省农业委员会于 2015 年 2 月 15 日发布，2015 年 3 月 15 日实施）

1 范围

本标准规定了梵净山卷曲形绿茶的术语和定义、加工场所要求、原料（鲜叶）要求和加工工艺技术要求。

本标准适用于梵净山区域内卷曲形绿茶的加工。

2 规范性引用文件

下列文件对于本文件的应用是必不可少的。凡是注日期的引用文件，仅所注日期的版本适用于本文件。凡是不注日期的引用文件，其最新版本（包括所有的修改单）适用于本文件。

GB 14881 食品安全国家标准 食品生产通用卫生规范

SB/T 10034 茶叶加工技术术语

DB52/T 630 贵州茶叶加工场所基本条件

DB52/T 1008 梵净山 卷曲形绿茶

3 术语和定义

SB/T 10034、DB52/T 1008 确定的术语和定义适用于本文件。

4 加工场所要求

4.1 加工场所基本条件
应符合 DB52/T 630 的规定。

4.2 生产过程卫生要求
应符合 GB 14881 的规定。

5 原料（鲜叶）要求

为嫩、匀、鲜、净的正常芽叶，用于同批次加工的鲜叶，其嫩度、匀度、新鲜度、净度应基本一致。鲜叶质量分为特级、一级、二级、三级，各级别鲜叶质量应符合表 1 的规定。

表 1 鲜叶质量要求

等 级	要 求
特级	一芽一叶初展，匀齐，新鲜，有活力，无机械损伤，无夹杂物
一级	一芽一叶全展，较匀齐，鲜活，无机械损伤和劣变芽叶，无夹杂物
二级	一芽二叶，尚匀齐，新鲜，无劣变芽叶，茶类夹杂物≤3%，无非茶类夹杂物
三级	一芽三叶及同等嫩度对夹叶，尚匀齐，新鲜，无劣变变芽叶，茶类夹杂物≤5%，无非茶类夹杂物

5.1 鲜叶运输、贮存

应使用透气良好、光滑清洁的篮篓等盛装鲜叶，运输时不得日晒雨淋，不得与有异味、有毒物品混运。鲜叶采摘后及时运到加工厂。

6 加工工艺技术要求

6.1 工艺流程

摊青→杀青→摊凉→揉捻→解块→初烘→摊凉→做形→摊凉→搓团提毫→足干→摊凉→分级归类。

6.2 技术要求

6.2.1 摊青

6.2.1.1 鲜叶摊放于清洁卫生，设施完好的贮青间或贮青槽、篾质簸盘；摊叶厚度为 2 ～ 5 cm，摊放时间为 5 ～ 8 h；雨水叶、露水叶可用脱水机减少表面水后薄摊，通微风，加快水分蒸发。

6.2.1.1 摊放至芽叶萎软、色泽暗绿、略显清香为适度。

6.2.2 杀青

6.2.2.1 滚筒连续杀青

选用滚筒连续杀青机，开机空转预热 15 ～ 30 min，待筒内温度升至 140 ～ 160℃，感官温度用手背伸入进叶端口有灼手感时均匀投叶。要求投叶量稳定，火温均匀。杀青叶含水量61%～65%，叶色暗绿，叶质变软，手捏成团，稍有弹性，无生青、焦边、爆点，有清香为适度。

6.2.2.2 滚筒杀青＋微波辅助杀青

选用滚筒连续杀青机和微波杀青机，摊青叶经滚筒杀青使含水率降至 63%～67%，再使用微波辅助杀青，要求：投叶量稳定，温度100 ～ 120℃，杀青后含水量 58 ～ 62%，色泽翠绿，叶质柔软，略显清香为适度。

6.2.3 摊凉

杀青叶均匀薄摊于干净的盛茶用具中，厚度 2 ～ 3 cm，时间

15～25 min。要求：杀青叶快速冷却至室温或常温，无渥黄或红变现象，叶质柔软，光泽变暗，手握有湿感，不黏手。

6.2.4　揉捻

选用揉捻机，装叶量以自然装满揉桶为宜，采用空揉5～7 min、轻揉5～8 min、空揉3 min的揉捻方式。要求：叶质变软，有黏手感，手握成团而不弹散，少量茶汁外溢，成条率80%以上。

6.2.5　解块

选用茶叶解块机及时解散揉捻叶中的团块。

6.2.6　初烘

选用五斗烘干机或链板烘干机，进风口温度90～110℃，叶色转暗，条索收紧，茶条略剌手为宜。

6.2.7　摊凉

初烘后的茶坯均匀摊放于干净的盛茶用具中，摊凉25～30 min。

6.2.8　做形

选用曲毫机，温度70～90℃，整形时间为40～50 min，前30 min用大幅，后10～20 min调到小幅；茶条卷曲，毫毛较显，略有剌手感时为适宜。

6.2.9　摊凉

做形叶均匀薄摊于干净的盛茶用具中，摊凉15～25 min，用10目筛割碎末。

6.2.10　搓团提毫

经摊凉的做形叶，投入五斗烘干机中，烘干机进口风温70～75℃，每斗投叶量1.0 kg，搓团力量稍轻，将适当数量茶团握于两手心，沿同一方向回搓茶团，反复数次至毫毛显露、茶条剌手为止。时间10～15 min，九成干时下机。

6.2.11 足干

选用烘干机，进口风温 70 ～ 90℃，摊叶厚度 2 ～ 4 cm，时间 8 ～ 10 min，手捻茶叶成粉末时为适宜。

6.2.12 摊凉

足干后的茶坯均匀摊放于干净的盛茶用具中，摊凉 20 ～ 25 min，茶坯完全冷却后进行分级归类。

6.2.13 分级归类

按 DB52/T 1008 梵净山卷曲形绿茶分级要求进行分级归类。

梵净山 颗粒形绿茶

DB 52/T 1010—2015 梵净山 颗粒形绿茶

（本标准由贵州省质量技术监督局、贵州省农业委员会于 2015 年 2 月 15 日发布，2015 年 3 月 15 日实施）

1 范围

本标准规定了梵净山颗粒形绿茶的术语和定义、分级及实物标准样、要求、试验方法、检验规则及标志标签、包装、运输和贮存。

本标准适用于梵净山区域内以中小叶种茶树的芽叶为原料加工的颗粒形绿茶。

2 规范性引用文件

下列文件对于本文件的应用是必不可少的。凡是注日期的引用文件，仅所注日期的版本适用于本文件。凡是不注日期的引用文件，其最新版本（包括所有的修改单）适用于本文件。

GB/T 191 包装储运图示标志

GB 2762 食品安全国家标准 食品中污染物限量

GB 2763 食品安全国家标准 食品中农药最大残留限量

GB 7718 食品安全国家标准 预包装食品标签通则

GB/T 8302 茶取样

GB/T 8303 茶磨碎试样的制备及其干物质含量测定

GB/T 8304 茶水分测定

GB/T 8305 茶水浸出物测定

GB/T 8306 茶总灰分测定

GB/T 8310 茶粗纤维测定

GB/T 8311 茶粉末和碎茶含量测定

GB/T 14456 绿茶第 1 部分：基本要求

GB/T 14487 茶叶感官审评术语

GB 14881 食品安全国家标准 食品生产通用卫生规范

GB/T 18795 茶叶标准样品制备技术条件

GB 23350 限制商品过度包装要求 食品和化妆品

GB/T 23776 茶叶感官审评方法

GB/T 30375 茶叶贮存

GH/T 1070 茶叶包装通则

NY/T 1999 茶叶包装、运输和贮藏通则

DB52/T 442.4 贵州绿茶 颗粒形茶

DB52/T 630 贵州茶叶加工场所基本要求

DB52/T 1011 梵净山 颗粒形绿茶加工技术规程

JJF 1070 定量包装商品净含量计量检验规则

3 术语和定义

GB/T 14487 确定的以及下列术语和定义适用于本文件。

3.1 梵净山 颗粒形绿茶 Fanjingshan Pellet green tea

以梵净山区域内（印江县、江口县、松桃县、石阡县、沿河县、德江县、思南县、玉屏县）适制绿茶的茶树鲜叶为原料，按梵净山

颗粒形绿茶加工技术规程生产的颗粒形炒青绿茶。

4 分级及实物标准样

（1）按质量等级分为特级、一级、二级、三级。

（2）产品的每一等级均应设置实物标准样，为品质的最低界限，每两年更换一次。实物标准样的制备应符合 GB/T 18795 的规定。

5.要求

5.1 原料要求

应 DB52/T 1011 的规定。

5.2 产品基本要求

5.2.1 品质正常，无劣变，无异味。

5.2.2 不含非茶类夹杂物。

5.2.3 不着色，不添加任何物质。

5.3 感官品质

感官品质应符合表 1 的规定。

表 1 梵净山 颗粒形绿茶感官品质要求

级 别	项 目				
	外形	内质			
		香气	汤色	滋味	叶底
特级	颗粒细紧匀整，绿润，露毫	浓香馥郁高长	碧绿明亮	鲜醇爽口	芽叶匀整，嫩绿明亮，鲜活
一级	颗粒匀整较细紧，绿润	浓香高长	黄绿明亮	鲜醇尚爽口	芽叶匀整，黄绿亮，鲜活
二级	颗粒紧结尚匀整，尚绿润	浓香持久	黄绿尚明亮	尚鲜醇	芽叶较完整，黄绿亮，尚鲜活
三级	颗粒尚紧结，绿黄	纯正	黄绿	醇和	芽叶尚完整，绿黄尚明亮

5.4 理化指标

理化指标应符合表 2 的规定；其他指标应符合 GB/T 14456.1 的

规定。

表 2 理化指标

项　　　目		指　　标			
		特级	一级	二级	三级
水分（质量分数）/（%）	≤	6.5	6.5	6.5	6.5
水浸出物（质量分数）/（%）	≥	41.0	41.0	40.0	38.0
总灰分（质量分数）/（%）	≤	5.5	5.5	6.0	6.0
碎末茶（质量分数）/（%）	≤	4.5	4.5	5.0	5.0
粗纤维（质量分数）/（%）	≤	14.0	14.0	15.0	15.0

5.5　安全指标

5.5.1　污染物限量

污染物限量应符合 GB 2762 的规定。

5.5.2　农药最大残留限量

农药最大残留限量应符合 GB 2763 的规定。

5.6　净含量

定量包装的允许短缺量应符合《定量包装商品计量监督管理办法》的规定。

5.7　加工要求

5.7.1　生产过程卫生要求

应符合 GB 14881 的规定。

5.7.2　加工工艺要求

应符合 DB52/T 1011 的规定。

6.试验方法

6.1　感官品质

按 GB/T 23776 和 GB/T 14487 的规定执行。

6.2　试样制备

按 GB/T 8303 的规定执行。

6.3　水分

按 GB/T 8304 的规定执行。

6.4　水浸出物

按 GB/T 8305 的规定执行。

6.5　总灰分

按 GB/T 8306 的规定执行。

6.6　粗纤维

按 GB/T 8310 的规定执行。

6.7　碎末茶

按 GB/T 8311 的规定执行。

6.8　安全指标

按 GB 2762 和 GB 2763 的规定执行。

6.9　净含量

按 JJF 1070 的规定执行。

7　检验规则

7.1　组批

产品以批为单位。利用同一生长轮次、同级鲜叶原料、同一班次加工的产品为一批次。同批同级茶叶品质应一致。

7.2　取样

取样方法按 GB/T 8302 的规定执行。

7.3　出厂检验

每批产品出厂前须对感官品质、水分、净含量、碎末进行检验，或按合同要求进行检验，检验合格后，附上合格证方能出厂。

7.4 型式检验

型式检验每半年一次，在下列情况下，应按国家规定对产品进行型式检验，即对本文件 5.2～5.5 规定的项目进行检验，有下列情形之一时进行检验：

a）正常生产情况下每年生产一次；

b）因人为或自然因素使原材料或生产环境发生较大变化时；

c）国家质量监督机构或主管部门提出型式检验要求时。

7.5 判定规则

7.5.1 检验结果全部符合本标准规定技术要求的产品，则判该批产品为合格。

7.5.2 凡劣变、有污染、霉变、有添加剂或质量安全指标中有一项不符合本标准要求，则判定该批产品不合格。

8 标志标签、包装、运输和贮存

8.1 标志标签

8.1.1 标志

包装储运图示标志应符合 GB/T 191 的规定。

8.1.2 标签

产品标签应符合 GB 7718 的规定。

8.2 包装

销售包装应符合 GB 23350 和 GH/T 1070 的规定。

运输包装应符合 GH/T 1070 的规定。

8.3 运输

应符合 NY/T 1999 的规定。运输工具应清洁、干燥、无异味、无污染。运输时应有防雨、防潮、防晒措施。严禁与有毒、有害、有异味、易污染的物品混装、混运。装卸时应轻装轻卸，严禁摔撞。

8.4 贮存

应符合 GB/T 30375 的规定。在符合本标准贮存条件下，保质期为 24 个月。

梵净山 颗粒形绿茶加工技术规程

DB 52/T 1011—2015 梵净山 颗粒形绿茶加工技术规程

（本标准由贵州省质量技术监督局、贵州省农业委员会于 2015 年 2 月 15 日发布，2015 年 3 月 15 日实施）

1 范围

本标准规定了梵净山 颗粒形绿茶的术语和定义、加工场所要求、原料（鲜叶）要求和加工工艺技术要求。

本标准适用于梵净山区域内颗粒形绿茶的加工。

2 规范性引用文件

下列文件对于本文件的应用是必不可少的。凡是注日期的引用文件，仅所注日期的版本适用于本文件。凡是不注日期的引用文件，其最新版本（包括所有的修改单）适用于本文件。

GB 14881 食品安全国家标准 食品生产通用卫生规范

SB/T 10034 茶叶加工技术术语

DB52/T 630 贵州茶叶加工场所基本条件

DB52/T 1010 梵净山 颗粒形绿茶

3 术语和定义

SB/T 10034、DB52/T 1010 确定的术语和定义适用于本文件。

4.加工场所要求

4.1.1 加工场所基本条件

应符合 DB52/T 630 的规定。

4.1.2 生产过程卫生要求

应符合 GB 14881 的规定。

5 原料（鲜叶）要求

为嫩、匀、鲜、净的正常芽叶，用于同批次加工的鲜叶，其嫩度、匀度、新鲜度、净度应基本一致。鲜叶质量分为特级、一级、二级、三级，各级别鲜叶质量应符合表 1 的规定。

表 1 鲜叶质量要求

等　级	要　求
特级	一芽二叶初展，叶质柔软，均匀鲜活，无夹杂物
一级	一芽二叶全展，单片叶及对夹叶≤5%，尚匀，鲜活，无夹杂物
二级	一芽二叶、三叶全展，单片叶及同等嫩度对夹叶≤10%，尚匀，新鲜，茶类夹杂物≤3%，无非茶类夹杂物
三级	一芽二叶、三叶全展，单片叶及同等嫩度对夹叶≤15%，欠匀，尚新鲜，茶类夹杂物≤5%，无非茶类夹杂物

5.1.1 鲜叶运输、贮存

应使用透气良好、光滑清洁的篮篓等盛装鲜叶，运输时不得日晒雨淋，不得与有异味、有毒物品混运。鲜叶采摘后及时运到加工厂。

6.加工工艺技术要求

6.1 工艺流程

摊青→杀青→摊凉→揉捻→解块→初烘→摊凉→做形→足干→摊凉→分级归类。

6.2 技术要求

6.2.1 摊青

6.2.1.1 茶青摊放于清洁卫生，设施完好的贮青间、贮青槽或篾质簸盘等。摊叶厚度为 10～12 cm。摊放时间为 6～8 h。雨水叶、露水叶可用脱水机减少表面水后薄摊，通微风，加快水分蒸发。

6.2.1.2 摊放至芽叶萎软、色泽暗绿、略显清香为适度。

6.2.2 杀青

选用滚筒连续杀青机，开机空转 15～30 min 预热，待筒内空气温度升至 140℃～160℃，感官温度用手背伸入进叶端口有灼手感时均匀投叶。要求投叶量稳定，火温均匀。杀青叶叶色暗绿，叶质变软，手捏成团，稍有弹性，无生青、焦边、爆点，清香显露即为杀青适度。

6.2.3 摊凉

杀青后及时摊凉，均匀薄摊于干净的盛茶用具中，摊放厚度 2～5 cm。时间 10 min～15 min。要求：杀青叶快速冷却至室温或常温，无渥黄或红变现象，叶质柔软，光泽变暗，手握有湿感，不黏手。

6.2.4 揉捻

选用揉捻机，转速 45～50 r/min，时间 15～20 min，全程不加压，使杀青叶在揉桶内轻松翻滚轻揉，待茶叶均匀成条无断碎时即可下机。

6.2.5 解块

选用茶叶解块机解散揉捻叶中的团块。

6.2.6 初烘

选用烘干机。温度 80～100℃，时间 10～15 min。要求：烘匀、烘透，叶象由嫩绿转墨绿，手握不刺手。

6.2.7 摊凉

初烘叶均匀薄摊于干净的盛茶用具中，摊放厚度 5～10 cm。时间 15～25 min。

6.2.8 做形

选用曲毫炒干机，锅温 80～100℃，投叶量每锅 4～6 kg（约大半锅），温度先低后高，使茶叶在锅中有一个做形过程，时间 40～45 min。当茶叶初步成形后及时下锅摊凉，再把摊凉后的茶叶两锅并一锅继续在曲毫炒干机中造形，时间 50～60 min，温度 60～80℃。锅中茶叶达到圆润、紧结、7.5 成干时下锅摊凉。

6.2.9 足干

选用烘干机，要求：烘匀、烘透、烘香、保绿。温度60～100℃，时间40～60 min，含水量在6.5%～7.5%时下锅摊凉。

6.2.10 摊凉

足干茶坯均匀薄摊于干净的盛茶用具中，摊放厚度5～10 cm。时间20～25 min，茶坯完全冷却后进行分级归类。

6.2.11 分级归类

按 DB 52/T1010 梵净山颗粒形绿茶分级要求进行分级归类。

梵净山 红茶

DB 52/T 1012—2015 梵净山 红茶

（本标准由贵州省质量技术监督局、贵州省农业委员会于2015年2月15日发布，2015年3月15日实施）

1 范围

本标准规定了梵净山红茶的术语和定义、分级及实物标准样、要求、试验方法、检验规则及标志标签、包装、运输和贮存。

本标准适用于梵净山区域内适制茶树品种的鲜叶为原料加工的红茶。

2 规范性引用文件

下列文件对于本文件的应用是必不可少的。凡是注日期的引用文件，仅所注日期的版本适用于本文件。凡是不注日期的引用文件，其最新版本（包括所有的修改单）适用于本文件。

GB/T 191 包装储运图示标志

GB 2762 食品安全国家标准 食品中污染物限量

GB 2763 食品安全国家标准 食品中农药最大残留限量

GB 7718 食品安全国家标准 预包装食品标签通则

GB/T 8302 茶取样

GB/T 8303 茶磨碎试样的制备及其干物质含量测定

GB/T 8304 茶水分测定

GB/T 8305 茶水浸出物测定

GB/T 8306 茶总灰分测定

GB/T 8310 茶粗纤维测定

GB/T 8311 茶粉末和碎茶含量测定

GB/T 13738.2 红茶第二部分：工夫红茶

GB/T 14487 茶叶感官审评术语

GB 14881 食品安全国家标准 食品生产通用卫生规范

GB/T 18795 茶叶标准样品制备技术条件

GB 23350 限制商品过度包装要求 食品和化妆品

GB/T 23776 茶叶感官审评方法

GB/T 30375 茶叶贮存

GH/T 1070 茶叶包装通则

NY/T 1999 茶叶包装、运输和贮藏通则

DB52/T 630 贵州茶叶加工场所基本要求

DB52/T 1013 梵净山红茶加工技术规程

JJF 1070 定量包装商品净含量计量检验规则

国家质量监督检验检疫总局〔2005〕第 75 号令《定量包装商品计量监督管理办法》

3 术语和定义

GB/T 14487 确定的以及下列术语和定义适用于本文件。

3.1 梵净山 红茶 Fanjingshan black tea

采用梵净山区域内（印江县、江口县、松桃县、石阡县、沿河县、德江县、思南县、玉屏县）大、中小叶种茶树的鲜叶为原料，按照梵净山红茶加工技术规程生产的卷曲形、条形和颗粒形红茶。

4 分级及实物样

4.1 按质量等级，条形红茶分为特级、一级、二级和三级，卷曲形分为特级、一级，颗粒形分为二级、三级。

4.2 产品的每一等级均应设置实物标准样，为品质的最低界限，每两年更换一次。实物标准样的制备应符合 GB/T 18795 的规定。

5 要求

5.1 原料要求

应符合 DB52/T 1013 的规定。

5.2 产品基本要求

5.2.1 品质正常，无劣变，无异味。

5.2.2 不含非茶类夹杂物。

5.2.3 不着色，不添加任何物质。

5.3 产品感官品质要求

梵净山条形红茶各等级感官品质要求应符合表1的规定，梵净山卷曲形红茶、颗粒形红茶各等级感官品质要求应符合表2的规定。

表1 梵净山 条形红茶感官品质要求

级 别	项 目				
	外形	内质			
		香气	汤色	滋味	叶底
特级	细紧匀净，乌黑油润显毫尖	鲜嫩，甜香浓郁，显花、果香	红亮	鲜爽	细嫩显芽，红亮匀齐
一级	紧细尚匀净，乌润有金毫	甜香尚浓，带花、果香	红明	醇厚尚爽	嫩匀有芽红亮
二级	紧结匀整，尚净稍有筋梗，乌尚润	甜纯	红尚明	醇和	尚嫩匀，尚红亮
三级	紧实，尚匀整，有梗朴，尚乌润	纯正	尚红明	纯和	尚匀尚红

表2 梵净山 卷曲形红茶、颗粒形红茶感官品质要求

级 别		项 目				
		外形 香气	内质			
			汤色	滋味	叶底	
特级	卷曲形	紧细卷曲、披金毫、匀整乌润	鲜嫩,甜香浓郁,显花、果香	红亮	鲜爽	细嫩显芽,红亮匀齐
一级	卷曲形	紧细卷曲、显金毫、匀整乌润	甜香尚浓,带花、果香	红明	醇厚尚爽	嫩匀有芽红亮
二级	颗粒形	颗粒紧卷匀整,有金毫, 乌润	甜纯	红尚明	醇和	尚嫩匀尚红亮
三级	颗粒形	颗粒尚紧结尚匀,色乌较润	纯正	尚红明	纯和	尚匀尚红整

5.4 理化指标

理化指标应符合表3的规定;其他指标应符合 GB/T 13738.2 的规定。

表3 理化指标

项 目	指 标			
	特级	一级	二级	三级
水分 (质量分数) / (%) ≤	6.5	6.5	6.5	6.5
水浸出物(质量分数)/(%) ≥	35.0	34.0	33.0	32.0
总灰分(质量分数)/(%) ≤	6.5	6.5	6.5	6.5
粉末(质量分数)/(%) ≤	1.0	1.0	1.0	1.2
粗纤维(质量分数)/(%) ≤	15.0	15.0	15.0	16.0

5.5 安全指标

5.5.1 污染物限量

污染物限量应符合 GB 2762 的规定。

5.5.2 农药最大残留限量

农药最大残留限量应符合 GB 2763 的规定。

5.6 净含量

定量包装的允许短缺量应符合《定量包装商品计量监督管理办法》的规定。

5.7 加工要求

5.7.1 生产过程卫生要求
应符合 GB 14881 的规定。

5.7.2 加工工艺要求
应符合 DB52/T 1013 的规定。

6 试验方法

6.1 感官品质
按 GB/T 23776 和 GB/T 14487 的规定执行。

6.2 试样制备
按 GB/T 8303 的规定执行。

6.3 水分
按 GB/T 8304 的规定执行。

6.4 水浸出物
按 GB/T 8305 的规定执行。

6.5 总灰分
按 GB/T 8306 的规定执行。

6.6 粗纤维
按 GB/T 8310 的规定执行。

6.7 粉末
按 GB/T 8311 的规定执行。

6.8 安全指标
按 GB 2762 和 GB 2763 的规定执行。

6.9 净含量
按 JJF 1070 的规定执行。

7 检验规则

7.1 组批

产品以批为单位。利用同一生长轮次、同级鲜叶原料、同一班次加工的产品为一批次。同批同级茶叶品质应一致。

7.2 取样

取样方法按 GB/T 8302 的规定执行。

7.3 出厂检验

每批产品出厂前须对感官品质、水分、净含量、粉末进行检验，或按合同要求进行检验，检验合格后，附上合格证方能出厂。

7.4 型式检验

型式检验每半年一次，在下列情况下，应按国家规定对产品进行型式检验，即对本文件5.2～5.5规定的项目进行检验，有下列情形之一时进行检验：

a）正常生产情况下每年生产一次；

b）因人为或自然因素使原材料或生产环境发生较大变化时；

c）国家质量监督机构或主管部门提出型式检验要求时。

7.5 判定规则

7.5.1 检验结果全部符合本标准规定技术要求的产品，则判该批产品为合格。

7.5.2 凡劣变、有污染、霉变、有添加剂或质量安全指标中有一项不符合本标准要求，则判定该批产品不合格。

8 标志标签、包装、运输和贮存

8.1 标志标签

8.1.1 标志

包装储运图示标志应符合 GB/T 191 的规定。

8.1.2 标签

产品标签应符合 GB 7718 的规定。

8.2 包装

销售包装应符合 GB 23350 和 GH/T 1070 的规定。

运输包装应符合 GH/T 1070 的规定。

8.3 运输

应符合 NY/T 1999 的规定。运输工具应清洁、干燥、无异味、无污染。运输时应有防雨、防潮、防晒措施。严禁与有毒、有害、有异味、易污染的物品混装、混运。装卸时应轻装轻卸,严禁摔撞。

8.4 贮存

应符合 GB/T 30375 的规定。在符合本标准贮存条件下,保质期为 36 个月。

梵净山 红茶加工技术规程

DB 52/T 1013—2015 梵净山 红茶加工技术规程

(本标准由贵州省质量技术监督局、贵州省农业委员会于 2015 年 2 月 15 日发布,2015 年 3 月 15 日实施)

1 范围

本标准规定了梵净山红茶术语和定义、加工场所要求、原料(鲜叶)要求和加工工艺技术要求。

本标准适用于梵净山区域内红茶的加工。

2 规范性引用文件

下列文件对于本文件的应用是必不可少的。凡是注日期的引用文件,仅所注日期的版本适用于本文件。凡是不注日期的引用文件,其最新版本（包括所有的修改单）适用于本文件。

GB 14881 食品安全国家标准 食品生产通用卫生规范

SB/T 10034 茶叶加工技术术语

DB52/T 630 贵州茶叶加工场所基本条件

DB52/T 1012 梵净山 红茶

3 术语和定义

SB/T 10034、DB52/T 1012 确定的术语和定义适用于本文件。

4 加工场所要求

4.1.1 加工场所基本条件

应符合 DB52/T 630 的规定。

4.1.2 生产过程卫生要求

应符合 GB 14881 的规定。

5.原料（鲜叶）要求

为嫩、匀、鲜、净的正常芽叶，用于同批次加工的鲜叶，其嫩度、匀度、新鲜度、净度应基本一致。鲜叶质量分为特级、一级、二级、三级,各级别鲜叶质量应符合表1的规定; 其中: 卷曲形红茶采用特级、一级鲜叶，条形红茶采用特级、一级、二级、三级鲜叶，颗粒形红茶采用二级、三级鲜叶。

表 1 鲜叶质量分级要求

等 级	要 求
特级	单芽至一芽一叶初展，匀齐，新鲜，有活力，无机械损伤、无夹杂物
一级	一芽一叶全展，尚匀齐，鲜活，无机械损伤和红变芽叶，无夹杂物
二级	一芽二叶，尚匀齐，新鲜，无红变芽叶，茶类夹杂物≤3%，无非茶类夹杂物
三级	一芽三叶，欠匀齐，新鲜，无红变芽叶，茶类夹杂物≤5%，无非茶类夹杂物

5.1 鲜叶运输、贮存

使用透气良好、光滑清洁的篮篓等盛装鲜叶，运输时不得日晒雨淋,不得与有异味、有毒物品混运。鲜叶采摘后及时运到加工厂。

6 加工工艺技术要求

6.1 工艺流程

6.1.1 卷曲形红茶工艺

摊青→萎凋→揉捻→解块→发酵→初烘→摊凉→搓团提毫→摊凉→足干→摊凉→分级归类。

6.1.2 条形红茶工艺

摊青→萎凋→揉捻→解块→发酵→理条→摊凉→足干→摊凉→分级归类。

6.1.3 颗粒形红茶工艺

摊青→萎凋→揉捻→解块→发酵→初烘→摊凉→造粒→摊凉→足干→摊凉→分级归类。

6.2 技术要求

6.2.1 摊青

鲜叶运送到厂后,及时摊放于贮青间中,摊放厚度20～30 cm,通微风。

6.2.2 萎凋

6.2.2.1 萎凋槽萎凋

a)摊叶:将鲜叶摊放在萎凋槽中,摊叶厚度:小叶种15～20 cm,大中叶种16～18 cm,嫩叶、雨水叶和露水叶10～15 cm。摊叶时要抖散摊平呈蓬松状态,保持厚薄一致。

b)环境温度、湿度:温度20～30℃,湿度为70%～80%。槽体前后部温度相对一致,鼓风机气流温度应随萎凋进程逐渐降低。

c)鼓风要求:风量大小根据叶层厚薄和叶质柔软程度适当调节,以不吹散叶层、出现"空洞"为标准。每隔1.5～2 h停止鼓风,停止鼓风时间10 min;下叶前10～15 min停止鼓热风,改为鼓冷风。

翻抖：每隔 1.5～2 h 翻抖一次，含水量高的每隔 0.5 h 翻抖一次。

d）翻抖时手势要轻，避免损伤芽叶。

e）时间：8～10 h。

f）感官特征：叶面失去光泽，叶色暗绿，青草气减退；叶形皱缩，叶质柔软，紧握成团，松手可缓慢松散。

6.2.2.2 室内自然萎凋

a）摊叶：摊叶厚度 3～6 cm，雨水叶和露水叶薄摊。摊叶时要抖散摊平呈蓬松状态，保持厚薄一致。

b）温度、湿度：萎凋室温度 23～27℃；相对湿度 60%～70%。

c）翻抖：每隔 2 h 翻抖一次，翻抖时手势要轻，避免损伤芽叶。

d）时间：12～16 h。

e）程度：叶面失去光泽，叶色暗绿，青草气减退，透出萎凋叶特有的清香；叶形皱缩，茎脉失水柔软，弯曲而不易折断，紧握成团，松手可缓慢松散为适度。萎凋叶的含水率 60%～64%。

6.2.3 揉捻

选用揉捻机，装叶量以装满揉桶为宜。加压掌握轻、重、轻的原则。揉捻叶紧卷成条，有少量茶汁溢出为揉捻适度。解块后的筛面茶条索不够紧结的可进行复揉，复揉装叶量以装至揉桶的2/3为宜。茶条紧卷，茶汁外溢，黏附于茶条表面，叶片成条率90%以上为适度。揉捻时间与加压方式技术要求应符合表2的规定。

表2 揉捻与加压方式

鲜叶级别	不加压 / min	轻压 / min	中压 / min	重压 / min	不加压 / min	全程时间 / min
单芽、一芽一叶初展	3	15	20	—	7	45
一芽一叶全展	5	15	25	10	5	60
一芽二叶	5	15	25	20	5	70
一芽三叶	5	20	30	20	5	80

6.2.4 解块

选用茶叶解块机解散揉捻叶中的团块。

6.2.5　发酵

6.2.5.1　发酵室发酵。

a）发酵室室温22～26℃，发酵盘装叶厚度8～12 cm，厚薄均匀。

b）相对湿度≥95%，以喷雾或洒水调节，保持空气流通；每间隔30 min吹冷风一次，鼓风时间3～5 min。

c）发酵时间：3～5 h，程度掌握在青草气消失，有花果香味显现，叶色黄红为宜。

d）发酵叶象：四级为适度，具体发酵叶象详见表3。

6.2.5.2　发酵机发酵

6.2.5.3　选用智能红茶发酵机。

a）发酵条件：将揉捻叶装入发酵桶内，每桶装叶量10～12 kg，装叶厚度15～20 cm，装叶完毕后，设置智能发酵机的相对湿度为95%，相对温度为24～26℃，每隔 10 min自动换气排湿一次，发酵时间为4～6 h。

b）发酵程度：掌握在青草气消失，花果香味显现，叶色黄红。

c）发酵叶相：四级为适度，具体发酵叶象详见表3。

表3　红茶发酵叶象

项　目	要　求
一级叶象	青色，浓烈青草气
二级叶象	青黄色，有青草气
三级叶象	黄色，微清香
四级叶象	黄红色，花果香、果香明显
五级叶象	红色，熟香
六级叶象	暗红色，低香，发酵过度

6.2.6　初烘（卷曲形、颗粒形）

选用链板烘干机，速度为慢速。烘干机风温100～110℃，时间15～20 min；茶坯含水率18%～22%，叶边缘有刺手感，梗折不断为适度。

6.2.7　摊凉（卷曲形、颗粒形）

初烘后的茶坯均匀摊放于干净的盛茶用具中，厚度5～10 cm，摊凉时间 40 ～ 60 min。

6.2.8 做形

6.2.8.1 卷曲形（搓团提毫）

将发酵的茶坯投入五斗烘干机中，烘干机进口风温 90 ～ 100℃，每斗投叶量 1.0 kg，待茶坯烘至粘手时进行搓团提毫，搓团力量稍轻，将适当数量茶团握于两手心，沿同一方向回搓茶团，反复数次至毫毛显露、茶条刺手为止。时间为 15 ～ 25 min，九成干时下机。

6.2.8.2 条形（理条）

将发酵叶均匀地投入理条机或多功能机，温度 90 ～ 100℃，每槽投叶量 0.15 ～ 0.25 kg，时间 20 ～ 30 min；理条至茶坯成条形，叶边缘略有刺手感，含水率 23% ～ 27% 为适度。

6.2.8.3 颗粒形（造粒）。

选用曲毫炒干机，锅温 80 ～ 100℃，投叶量每锅 4 ～ 6 kg（约大半锅），温度先低后高，使茶叶在锅中有一个做形过程，时间 40 ～ 45 min。当茶叶初步成形后及时下锅摊凉，再把摊凉后的茶叶两锅并一锅继续在曲毫炒干机中造形，时间 50 ～ 60 min，温度 60 ～ 80℃。锅中茶叶达到圆润、紧结、八成干时下锅摊凉。

6.2.9 摊凉

做形后的茶坯均匀摊放于干净的盛茶用具中，厚度 5 ～ 10 cm，摊凉时间 20 ～ 30 min。

6.2.10 足干

选用链板烘干机，速度为慢速。烘干机风温 80℃～ 90℃，时间 15 ～ 20 min；茶坯含水率 5% ～ 7%，用手捏茶条即成粉末为适度。

6.2.11 摊凉

足烘后的茶坯均匀摊放于干净的盛茶用具中，厚度 5 ～ 10 cm，摊凉时间 20 ～ 30 min，待茶坯完全冷却后进行分级归类。

6.2.12 分级归类

按 DB52/T 1012 梵净山 红茶分级要求进行分级归类。

参 考 文 献

[1] 杜维春.中国茶叶标准化发展研究[M].北京：中国农业出版社，
　　2014.

[2] 白堃元.茶叶加工[M].北京：化学工业出版社，2001.

[3] 王垚.茶叶审评与检验[M].北京：中国劳动社会保障出版社，
　　2006.

[4] 铜仁市茶叶行业协会.梵净山茶品牌综合标准体系[M].北京：
　　中国标准化出版社，2015.

[5] 雷亮.茶叶标准化种植基地的建设及管理路径探索[J].种子
　　科技，2022（1）：41-43.

[6] 赵亚男，潘伟光.茶农扩大种植规模意愿影响因素分析——基
　　于浙江省三个县市茶农的调研数据[J].云南农业大学学报（社
　　会科学版），2021（2）：82-86.

[7] 贵州省地方志编纂委员会.贵州省志·茶叶[M].贵阳：贵州
　　人民出版社，2020.

[8] 谷晓平，胡家敏，徐永灵，等.贵州茶叶气象研究[M].北京：
　　中国农业科学技术出版社，2020.

[9] 李珊，王静.农户采约环境友好型农业生产技术的影响因素分
　　析——以贵州省茶叶主产区茶农为例[J]南方农机，2021（9）：
　　105-107.